Pocket Power

Tilo Schwarz
Alexandra Maria Lindner

Kata

Verbesserung zur Routine machen

HANSER

Die Wiedergabe von Gebrauchsnamen, Handelsnamen, Warenbezeichnungen usw. in diesem Werk berechtigt auch ohne besondere Kennzeichnung nicht zu der Annahme, dass solche Namen im Sinne der Warenzeichen- und Markenschutzgesetzgebung als frei zu betrachten wären und daher von jedermann benutzt werden dürfen.

Bibliografische Information der Deutschen Nationalbibliothek
Die Deutsche Nationalbibliothek verzeichnet diese Publikation in der Deutschen Nationalbibliografie; detaillierte bibliografische Daten sind im Internet über http://dnb.d-nb.de abrufbar.

Dieses Werk ist urheberrechtlich geschützt.

Alle Rechte, auch die der Übersetzung, des Nachdruckes und der Vervielfältigung des Buches, oder Teilen daraus, vorbehalten. Kein Teil des Werkes darf ohne schriftliche Genehmigung des Verlages in irgendeiner Form (Fotokopie, Mikrofilm oder einem anderen Verfahren), auch nicht für Zwecke der Unterrichtsgestaltung – mit Ausnahme der in den §§ 53, 54 URG genannten Sonderfälle –, reproduziert oder unter Verwendung elektronischer Systeme verarbeitet, vervielfältigt oder verbreitet werden.

© 2016 Carl Hanser Verlag München
www.hanser-fachbuch.de/pp

Lektorat: Lisa Hoffmann-Bäuml
Seitenlayout und Herstellung: Arthur Lenner, Der Buch*macher*, München
Umschlaggestaltung und -realisation: Stephan Rönigk
Druck und Bindung: Kösel, Krugzell
Printed in Germany

ISBN 978-3-446-44679-3
E-Book-ISBN 978-3-446-44852-0

Mindestens einmal den zweiten Teil der Frage mit „ja" beantwortet? Dann sollten Sie weiterlesen und mehr über die Kata erfahren..

WAS BRINGT ES?

Sich wandelnde Kundenanforderungen, Wettbewerb, technologische Entwicklung und global vernetzte wirtschaftliche Zusammenhänge sorgen für einen kontinuierlichen Zufluss an Problemen in einem Unternehmen. Ob wir wollen oder nicht. Entscheidend ist deshalb die Fähigkeit eines Unternehmens, diese Probleme zu bewältigen. Ist die Problemlösungsfähigkeit geringer als die Anzahl der neu hinzukommenden Probleme? Dann ist Gefahr im Verzug! Bei den meisten Unternehmen halten sich die Problemlösungsfähigkeit und die Menge an entstehenden Problemen die Waage. Das ist der Zustand, bei dem wir das Gefühl haben, ständig mit Feuerlöschen beschäftigt zu sein und gerade so den Kopf über Wasser zu halten.

Was wir aber bräuchten, um eine Strategie zu realisieren, die uns einen Wettbewerbsvorteil verschafft, ist ein Überschuss an Problemlösungsfähigkeit. Denn jede gute Strategie muss immer ein Dilemma zum aktuellen Know-how und Können erzeugen. Nur dann bietet sie die Aussicht auf einen echten Wettbewerbsvorteil. Mit anderen Worten: Sie muss eine Herausforderung setzen, die heute noch nicht beherrscht wird. Sie erzeugt dadurch gezielt und bewusst zusätzliche Probleme, die es zu lösen gilt, um die Strategie tatsächlich auch zu realisieren. Jede Strategie – und sei sie noch so brillant – ist somit nur so gut wie die Fähigkeit, sie auch umzusetzen. Deshalb ist es zentrale Führungsaufgabe, die Problemlösungsfähigkeit in einem Unternehmen kontinuierlich zu steigern (Bild 1.1).

8 Einleitung

HINWEIS

Unternehmen werden deshalb nie besser sein als die Fähigkeiten ihrer Mitarbeiter.

Erfolg = Strategie + Problemlösungsfähigkeit

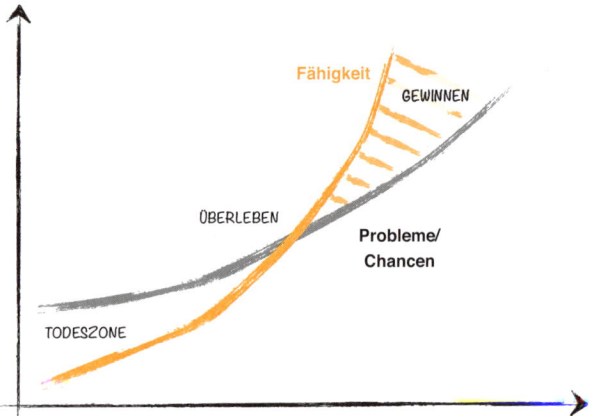

Bild 1.1 Problemlösungsfähigkeit

HINWEIS

Erfolgreiche Unternehmen haben nicht weniger Probleme, sondern die Fähigkeit, in der gleichen Zeit mehr Probleme nachhaltig zu lösen und Chancen zielgerichtet zu nutzen als andere.

Für unternehmerischen Erfolg brauchen wir deshalb eine gute Strategie *und* müssen die nötige Problemlösungsfähigkeit zu ihrer Realisierung entwickeln. Darüber hinaus ist noch ein dritter Faktor entscheidend: die Motivation. Stellen Sie sich ein Fußballteam vor mit einer großen Zahl an Ausnahmeathleten und mit dem klaren Ziel, den Titel zu gewinnen. Das Team scheitert, wenn jeder nur seine persönlichen Ziele verfolgt und die nötige Selbstmotivation für die anstrengenden Trainingseinheiten und kräftezehrenden Spiele fehlt.

> **HINWEIS**
>
> Erfolg (E) ist immer das Produkt dreier Faktoren: Fähigkeit (F), Motivation (M) und Ausrichtung (A):
> **E = F x M x A.**

Gute Führung muss deshalb immer Richtung geben, Fähigkeiten entwickeln und Selbstmotivation ermöglichen (Bild 1.2).

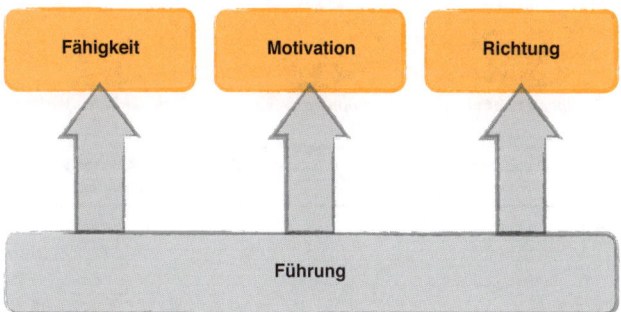

Bild 1.2 Elemente

WIE GEHE ICH VOR?

Kontinuierliche Verbesserung muss zentraler Teil der Unternehmenskultur werden. Viele Unternehmen versuchen sich deshalb am Kulturwandel. Aber Kultur kann man nicht machen. Kultur ist ein Ergebnis. Wie kann dann eine Kultur einer kontinuierlichen Verbesserung entstehen? Dazu müssen wir Kultur begreifen als die Summe der einheitlichen Verhaltensmuster innerhalb einer Gruppe. Deshalb sollten wir zunächst verstehen, welche einheitlichen Verhaltensmuster heute im Unternehmen existieren. Dann müssen wir genau definieren, welche Verhaltensmuster nötig sind, damit kontinuierliche Verbesserung zum Teil der Unternehmenskultur wird. Erst dann können wir uns auf den Weg machen, bei jedem Einzelnen diese angestrebten Verhaltensmuster zu entwickeln (Bild 1.3).

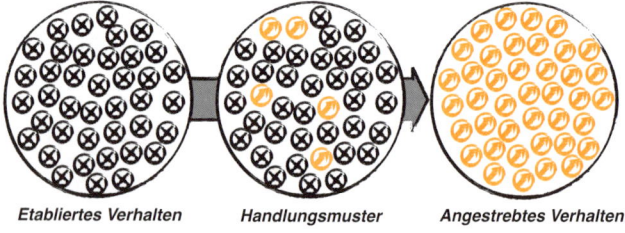

Etabliertes Verhalten   *Handlungsmuster*   *Angestrebtes Verhalten*

> Damit eine Kulturveränderung entsteht, müssen wir schrittweise, bei jedem Einzelnen, das angestrebte Handlungsmuster entwickeln.

Bild 1.3 Kulturveränderung

HINWEIS

Vorsicht: Wir können nicht beliebig viele Handlungsmuster etablieren. Wir müssen uns auf die „überlebenswichtigen" konzentrieren und diese beharrlich trainieren.

Dies ist vergleichbar mit der Verkehrserziehung bei Kindern. Dabei vermitteln wir auch nicht die gesamte Straßenverkehrsordnung. Wir konzentrieren uns nur auf die überlebenswichtigen Handlungsmuster wie das Überqueren einer Straße.

Wie aber vermittelt man Handlungsmuster, damit sie schließlich intuitiv beherrscht werden? Genau so, wie wir Kindern das Überqueren einer Straße beibringen. Wir machen vor, wie man eine Straße überquert. Eine flüssige Aneinanderreihung verschiedenster Schritte, bei denen wir visuelle Wahrnehmung, Gehör und Bewegungsapparat koordinieren. Der Ablauf des Profis sozusagen? So würde ein Kind allerdings nie lernen, eine Straße zu überqueren. Deshalb vereinfachen wir das angestrebte, professionelle Handlungsmuster in eine Trainingsroutine, eine Sequenz einzelner Schritte, und trainieren diese konsequent. Im Falle des Überquerens einer Straße hat diese Trainingsroutine fünf Schritte und lautet:

- Bleibe am Straßenrand stehen.
- Schaue links.
- Schaue rechts.
- Schaue links.
- Überquere die Straße.

Dieses Konzept des Herunterbrechens komplizierter Abläufe in Trainingsroutinen (Bild 1.4) – bestehend aus exakt definierten Schritten, die separat trainierbar sind – wird in vielen Bereichen angewendet. Im Sport etwa beim Golfabschlag oder Tennisaufschlag. Beim Kochen, dort nennen wir es Rezept, oder in der Musik in Form von Tonleiterübungen.

12 Einleitung

1 Wir können nicht beliebig viele Handlungs- und Führungs-Muster etablieren.
Wir müssen uns auf die „überlebenswichtigen" konzentrieren und diese trainieren.

2 Um die intuitive Ausführung zu erlernen, müssen wir das Handlungs-Muster auf Einzelschritte vereinfachen und deren präzise Ausführung trainieren.

Angestrebtes Verhalten

Handlungs-Muster in eine KATA „codieren"

Trainings-Routine

Bild 1.4 Trainingsroutine

In einigen Kampfsportarten gibt es das gleiche Konzept. Denn dort musste ein Weg gefunden werden, um komplizierte Bewegungsabläufe vor dem Kampfeinsatz trainierbar zu machen. Nur dann ist es möglich, diese Bewegungsabläufe so zu trainieren, dass sie intuitiv beherrscht werden und im Kampf mit hoher Präzision und in Sekundenbruchteilen ohne bewusstes Nachdenken ausgeführt werden können. Im Kampfsport werden diese Trainingsroutinen Kata genannt.

HINWEIS

Eine Kata ist eine Trainingsroutine, die ein angestrebtes Handlungsmuster in einzelne Schritte herunterbricht und so trainierbar macht.

Wenn wir kontinuierliche Verbesserung zum Teil der Unternehmenskultur machen wollen, müssen wir deshalb die dazu nötigen Handlungsmuster in einzelne Schritte herunterbrechen. Sie sozusagen in eine Kata codieren und diese dann beharrlich trainieren, bis das angestrebte Handlungsmuster zur Gewohnheit geworden ist. Die Trainingsroutine, mit der die Handlungsmuster der kontinuierlichen Verbesserung trainiert werden, heißt Verbesserungs-Kata.

Wie aber werden Handlungsmuster (Bild 1.5) im Unternehmen entwickelt? Das Handeln von Menschen in Organisationen wird vor allem durch einen Faktor beeinflusst: vom Verhalten der Führung. Denn Führung setzt Prioritäten, etabliert das Bewertungssystem und formt so Handlungs- und Denkmuster. Willkürliche Führung erzeugt willkürliches Handeln. Ändert eine Führungskraft ständig ihr Vorgehen, kann kein einheitliches Handlungsmuster im Team entstehen. Handeln Führungskräfte verschiedener Ebenen unterschiedlich, können keine einheitlichen Handlungsmuster im Unternehmen entstehen.

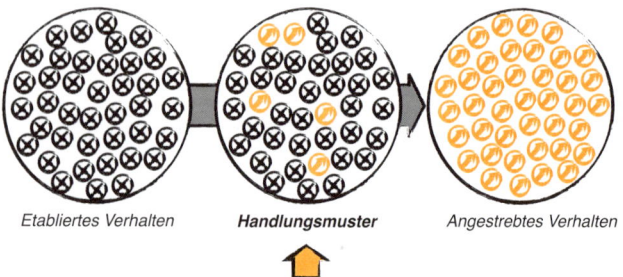

Etabliertes Verhalten   **Handlungsmuster**   *Angestrebtes Verhalten*

Führungsmuster

> Durch einheitliche Führungsmuster werden die angestrebten Handlungsmuster jedes Einzelnen zur intuitiven Routine entwickelt, sodass eine neue Kultur entsteht.

Bild 1.5 Führungsmuster

Damit kontinuierliche Verbesserung zur Gewohnheit bei allen Mitarbeitern wird, brauchen wir ein einheitliches Verhalten bei allen Führungskräften in Bezug auf Verbesserung. Ein Führungsmuster, das Verbesserung Priorität und Richtung gibt und die zur Realisierung nötige Problemlösungsfähigkeit bei allen Mitarbeitern entwickelt. Um ein solches Führungsmuster zu etablieren, bedarf es ebenso einer Trainingsroutine, einer Kata für Führungskräfte. Diese nennen wir die Coaching-Kata.

TIPP

Rezept zur Entwicklung einer Verbesserungskultur:

- Identifiziere die etablierten, einheitlichen Handlungsmuster, die verändert werden müssen.
- Beschreibe die angestrebten, überlebenswichtigen Handlungsmuster präzise und „codiere" sie in eine Kata.
- Etabliere das korrespondierende Führungsmuster (Kata), um die angestrebten Handlungsmuster zur Gewohnheit zu machen.

2 Verbesserungen selbstverständlich machen

WORUM GEHT ES?

Im ersten Kapitel haben wir gezeigt: Es gibt drei Voraussetzungen, damit Verbesserung zum kontinuierlichen und selbstverständlichen Teil der täglichen Arbeit in allen Bereichen und somit zum echten Wettbewerbsvorteil wird:

- Ausrichtung: eine richtunggebende Strategie.
- Fähigkeit: die nötige Problemlösungsfähigkeit zur Umsetzung dieser Strategie.
- Motivation: die Selbstmotivation, die Strategie zu verfolgen, auch wenn die Umsetzung schwierig wird.

Eine Strategie ist nur dann gut, wenn sie ein Dilemma erzeugt zu dem, was wir heute wissen und können. Nur dann bietet sich die Chance auf einen Wettbewerbsvorteil für den, der möglich macht, was andere bisher nicht geschafft haben. Oder wie William Edwards Deming es in seinem ersten Managementgrundsatz formulierte: *„Schaffe ein unverrückbares Unternehmensziel in Richtung auf eine ständige Verbesserung von Produkt und Prozess"* [Deming 2000]. Das bedeutet auch, dass wir bei der Verfolgung einer solchen Strategie unweigerlich an die Grenze unseres heutigen Wissens kommen und in die unbekannte Zone vordringen müssen (Bild 2.1).

18 Verbesserungen selbstverständlich machen

Obwohl eine detaillierte Planung der Umsetzung in der unbekannten Zone nicht möglich ist, extrapolieren wir unsere Erfahrung und springen auf schnelle Maßnahmen.

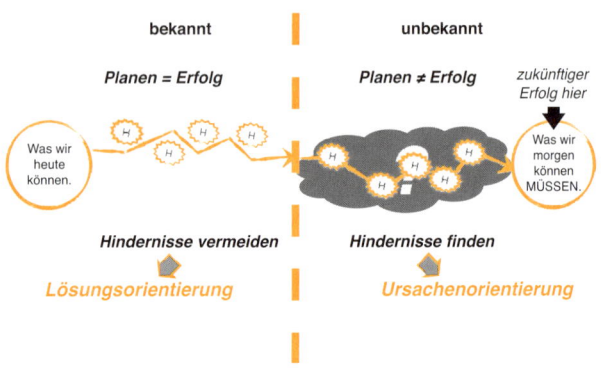

Bild 2.1 Jenseits der Wissensgrenze [Rother 2015]

Die Entwicklung der kollektiven Problemlösungsfähigkeit muss deshalb der zentrale Managementfokus sein. Wie aber entwickelt man Problemlösungsfähigkeit? Indem man systematisches Problemlösen zur kollektiven Routine macht. Aber gibt es nicht schon genügend Problemlösungstechniken? PDCA, 8D, DMAIC etc., um nur einige zu nennen. Nein. Wenn wir Problemlösungsfähigkeit in der Breite entwickeln wollen, brauchen wir eine wirkungsvolle und zugleich einfache Technik, die von jedem erlernt und schließlich intuitiv beherrscht werden kann. In den meisten Unternehmen besteht ein Überangebot an Methoden dafür, aber ein Mangel an ihrer Anwendung. Eine einzige kollektive Routine zu etablieren ist in Organisationen schon schwierig genug. Geschweige denn zwei, drei oder mehr, die dann situativ aus dem Methodenköcher geholt werden sollen.

HINWEIS

Wir sollten uns auf eine Technik, eine Kata konzentrieren und diese durch ständiges Trainieren zur Routine bei allen Menschen im Unternehmen machen. Nur dann haben wir in der Breite wirklich eine Chance.

WAS BRINGT ES?

In der bekannten Zone führen ein detaillierter Plan und seine penible Umsetzung zum Erfolg. Worin wir bereits Erfahrung haben, das sollten wir planen und dies genau so umsetzen. So wie wir auf dem morgendlichen Weg zur Arbeit immer der gleichen Route folgen. In der bekannten Zone planen wir, um Hindernisse zu vermeiden. Wir nutzen unsere Erfahrung, indem wir bekannte und für gut befundene Lösungen duplizieren.

Wir sind lösungsorientiert. In der unbekannten Zone führt dies aber genau nicht zum Erfolg. Wir können die Umsetzung nicht planen, da wir keine Erfahrung haben und damit die nötigen Lösungen und ihre Implementierung nicht vorhersagen können. In der unbekannten Zone geht es nicht um das Vermeiden von Hindernissen, sondern, im Gegenteil, um das Finden und Verstehen von Hindernissen.

Wir müssen herausfinden, was genau nicht funktioniert und damit die Realisierung des angestrebten Zustands verhindert. Nur wenn wir diese Hindernisse und insbesondere ihre Ursachen besser als andere verstehen, werden wir auch die Lösungen finden, die bisher noch keiner gefunden hat. Ursachenorientierung ist erfolgsentscheidend. Dies ist aber konträr zu dem Vorgehen, das wir in Schule und Beruf erlernt

20 Verbesserungen selbstverständlich machen

haben. Meist geht es darum, die richtige Antwort zu geben, Lösungen zu haben, nicht Probleme aufzuzeigen und genauer zu verstehen. Lösungsorientierung ist gefragt und karrierefördernd. Erfahrung wird damit zum wertvollsten Asset. Oft führt das dazu, dass wir immer wieder auf die bewährten Lösungen zurückgreifen. Never change a winning system. Wenn wir dann mit neuen, unbekannten Herausforderungen konfrontiert werden, versuchen wir, diese auf Basis unserer Erfahrung und mit bekannten Lösungen zu bewältigen.

Achtung/Hürde

Obwohl eine detaillierte Planung der Umsetzung in der unbekannten Zone nicht möglich ist, extrapolieren wir unsere Erfahrung und springen auf schnelle Maßnahmen, wo eine genauere Analyse der Ursache nötig wäre.

Damit wird es aber immer schwerer, ja nahezu unmöglich, echte Innovationen zu generieren. Wir bleiben in den alten Lösungen verhaftet, weil wir nicht die Fähigkeit haben, neue zu erarbeiten. „Das haben wir schon immer so gemacht" und „Das geht nicht, weil ..." sind die verbalen Indizien dieser zutiefst verinnerlichten Vorgehensweise. Was bleibt, ist die Hoffnung auf die überraschende Innovation, oder um es angelehnt an ein Zitat von Walter Ulbricht zu sagen: *„Wir werden den Wettbewerb plötzlich überholen, ohne ihn vorher einzuholen"* [Ragnitz 2008].

Was genau sind also die vorherrschenden Handlungsmuster in vielen Unternehmen, die es zu verändern gilt, um eine Kultur der kontinuierlichen Verbesserung und Innovation zu entwickeln?

Bild 2.2 gibt hier eine Antwort und zeigt Verhaltensweisen, die etabliert werden müssen, um eine Kultur der kontinuierlichen Verbesserung zu ermöglichen.

	Existierendes Verhalten *in den meisten Organisationen*	**Angestrebtes Verhalten** *um Herausforderungen in der unbekannten Zone zu meistern.*
1	Viel hilft viel	**Zielgerichtete** und fokussiert
2	**Meinungsbasiert** und **Erfahrungsgeleitet**	**Faktenbasiert** „Go and see"
3	Lösungsorientierung	Ursachenorientierung
4	Perfekt planen, erst dann **komplett umsetzten**.	Schrittweise validieren, **experimentell** und **schnell**.

Bild 2.2 Verhaltensweisen für kontinuierliche Verbesserung

WIE GEHE ICH VOR?

Um das angestrebte Verhalten im Verbesserungsprozess trainieren zu können, müssen wir es auf ein einfaches Handlungsmuster, eine Kata herunter brechen. Diese Kata nennen wir die Verbesserungs-Kata. Sie beschreibt das Vorgehen im Verbesserungsprozess in vier Elementen. Dazu ein Gedankenexperiment: Stellen Sie sich vor, auf einem Spaziergang in den Bergen zu sein. Das Wetter ist gut, der Weg angenehm leicht. Plötzlich kommen Sie an einen breiten und reißenden Gebirgsbach. Kehren Sie um oder versuchen sie das gefährliche Hindernis zu überwinden? Wenn Sie sich nur auf einem spontanen Spaziergang befinden, werden sie eher umkehren.

22 Verbesserungen selbstverständlich machen

Ganz anders auf einer Expedition mit dem Ziel der Erstbesteigung eines ganz bestimmten Berges, der sich auf der anderen Seite des Flusses befindet. Dann stellt sich nicht mehr die Frage ob, sondern nur noch wie Sie den Fluss überqueren. So ist es auch im Verbesserungsprozess. Ohne Richtung bleibt jede Verbesserung willkürlich und zufällig. Deshalb müssen wir immer erst die Richtung verstehen, bevor wir mit den Verbesserungen starten. Das ist das erste Element der Verbesserungs-Kata.

Wenn die Richtung klar ist, gehen wir einfach los? Stellen wir uns vor, das Ziel der Expedition wäre ein Berg mit 6.250 Metern Höhe. Eine große Herausforderung? Nicht in jedem Fall. Es hängt vom Startpunkt ab. Bevor wir loslaufen, sollten wir die Ausgangssituation erfassen. Element 2 der Verbesserungs-Kata. Nehmen wir an, wir starten auf einer Höhe von 150 Metern. Dann haben wir eine ernstzunehmende Expedition vor uns. Der Berg wäre nie auf einmal zu besteigen. Wir würde die Strecke in mehrere Etappen herunter brechen. Unser erster Ziel-Zustand wäre vielleicht die Berghütte auf 2.000 Metern Höhe. Auch im Verbesserungsprozess in der unbekannten Zone müssen wir die langfristige Herausforderung in Etappen angehen. Deshalb definieren wir immer einen nächsten Ziel-Zustand. Element 3 der Verbesserungs-Kata.

Und selbst dann wissen wir nicht genau, was uns am Berg erwartet, ob Geröll oder guter Weg, ob das Wetter umschlägt oder die Hänge rutschig sind. Aber Sie tasten sich schrittweise vor, um auf alle Gegebenheiten situativ zu reagieren. Sobald der erste Ziel-Zustand erreicht ist, wird der nächste definiert. Dieses logische Vorgehen im Verbesserungsprozess wird mit den vier Elementen der Verbesserungs-Kata trainierbar und damit von jedem Mitarbeiter im Unternehmen erlernbar.

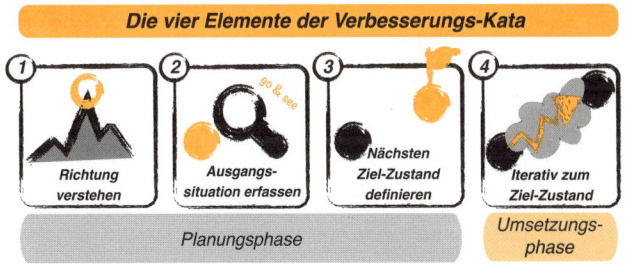

Bild 2.3 Vier Elemente der Verbesserungs-Kata [Rother 2013]

3 Ziel-Zustand definieren

WORUM GEHT ES?

Wenn wir nach einem arbeitsreichen Tag nicht das Ziel hätten, nach Hause zu kommen, wäre jede Richtung recht, jeder Abzweig gleich. Lean-Workshops beginnen oft mit der Beobachtung von Auffälligkeiten oder der Suche nach Verschwendung, dem sogenannten Waste Walk. Jeder Beobachter schildert im Anschluss seine Beobachtungen und Ideen zur Verbesserung. Diese subjektiven Eindrücke werden dann meist auf Moderationskarten gesammelt und gruppiert. Dann kommt die Frage: Was gehen wir an? Meist beginnen Antworten mit: „Wir könnten Folgendes tun …"

Achtung/Hürde

Oft entscheiden wir uns für Maßnahmen, die schnell umsetzbar sind oder das beste Aufwand-Nutzen-Verhältnis versprechen. Wir diskutieren dabei die Lösungen, nicht das Problem. Ist diese oder jene Lösung umsetzbar und wie viel bringt sie? Wir sind lösungsorientiert. Deshalb brauchen wir zuerst einen Ziel-Zustand im Prozess. Ohne Ziel-Zustand bleibt Veränderung willkürlich und Verbesserung zufällig (Bild 3.1).

Sobald es einen Ziel-Zustand gibt, unterscheiden sich einige Auffälligkeiten von den übrigen. Es sind die Auffälligkeiten, die auf dem Weg zum Ziel-Zustand liegen. Sie sind echte Hindernisse. Die Beseitigung derselben ist nicht optional, sondern zwingend. Die Frage lautet also nicht mehr, was könnten, sondern was müssen wir tun!

26 Ziel-Zustand definieren

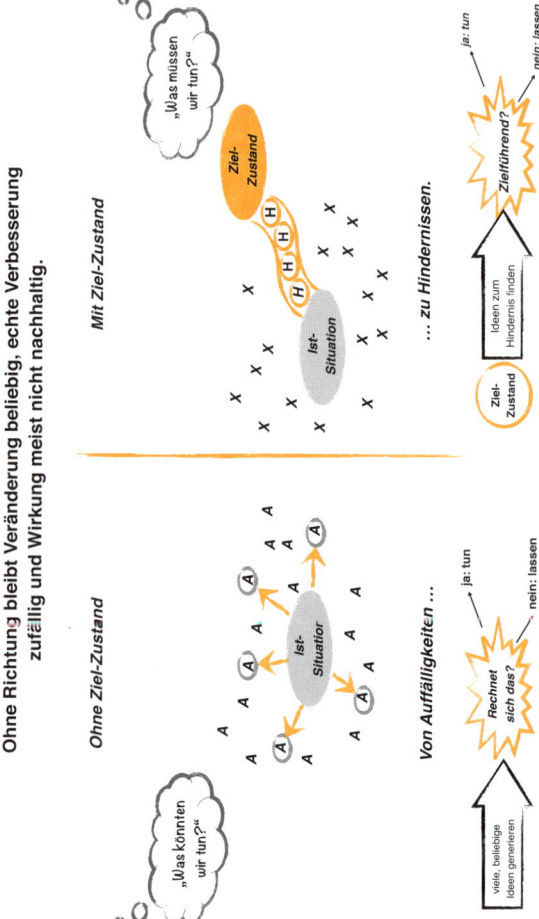

Bild 3.1 Ohne/mit Ziel-Zustand [Rother 2015]

Auch die meisten KVP-Systeme sind nicht zielgerichtet, sondern ideengetrieben. Mitarbeiter werden aufgefordert, Verbesserungsvorschläge und Ideen einzureichen. Wenn die Menge der Vorschläge zunimmt, müssen diese auch bewertet werden. Nicht selten in einem langwierigen Prozess. Resultat: Viele Vorschläge werden abgelehnt. Nicht umsetzbar, zu aufwendig, bringt zu wenig, hatten wir schon mal. Die wenigen, die überleben, brauchen oft Monate bis zur Genehmigung und dann noch mal so lange bis zur Umsetzung. Das ist wenig motivierend. Die Anzahl der Ideen geht zurück. Wenn aber nur wenige Ideen umgesetzt werden, brauchen wir umso mehr Ideen, um wirkungsvoll besser zu werden. Möglichst viele Ideen ist das Motto. Damit der Ideenprozess wieder in Gang kommt, werden Prämien, fünf Euro pro Idee, und Verlosungen von Sachpreisen aufgerufen. Jetzt kommen zwar wieder mehr Ideen, aber der Prozess ist immer noch derselbe, und wieder überleben nur wenige. Einmal mehr geht die Ideenquote pro Kopf zurück. Wir erhöhen die Prämie auf zehn Euro usw.

HINWEIS

Bildet im KVP-Prozess der Ziel-Zustand den Ausgangspunkt, liegt der Fokus immer auf den Hindernissen, die uns abhalten, diesen Ziel-Zustand zu erreichen.

Für die Beseitigung dieser Hindernisse, und nur dafür, brauchen wir Ideen. Jeder kann sich beteiligen. Eine Idee wird danach bewertet, ob sie zielführend ist, also das Hindernis beseitigt und uns näher zum Ziel-Zustand bringt. Tut sie das, wird sie umgesetzt. Das ist einfach und kann vor Ort entschieden werden. Der klare Fokus sorgt für eine hohe Umsetzungswahrscheinlichkeit der Ideen. Denn sie dienen der Erreichung des Ziel-Zustands, und dieser hat Priorität.

Das Budget ist immer Teil des Ziel-Zustands. Damit ist von vornherein, klar in welchem Kostenrahmen wir den Ziel-Zustand erreichen wollen. Dies wird bereits bei der Ideenfindung berücksichtigt. Der Ziel-Zustand muss sich rechnen, nicht jede einzelne Idee für sich.

Was ist aber mit der Motivation, wenn eine Idee abgelehnt wird, weil sie das Hindernis nicht vollständig beseitigt oder nicht die Ziel-Kosten erreicht? Stellen wir uns vor, der Ideengeber bekommt die folgende Antwort: Die Idee ist gut, aber in der Umsetzung noch zu teuer. Lass uns überlegen, wie wir die Umsetzung günstiger gestalten können. Was passiert mit der Motivation? Im Gegensatz zum ersten System werde ich nicht komplett zurückgeworfen und aufgefordert, es mit einem anderen Thema zu versuchen. Der Ziel-Zustand ist immer noch der gleiche. Das Hindernis bleibt gleich. Ich kann dranbleiben und weiterknobeln. Das weckt den Ehrgeiz.

Bei einer Kosten-Nutzen-Rechnung müssen wir immer zwei Annahmen treffen: eine über den zu erwartenden Nutzen und eine über die bei der Umsetzung entstehenden Kosten. Das ist in der unbekannten Zone aber unmöglich. Möglich ist nur, mit einer bekannten Lösung zu rechnen. Und die rechnet sich bei ungelösten Herausforderungen meist nicht. Sonst würden wir es ja schon tun. Folge dieser Vorgehensweise sind oft dramatische Fehleinschätzungen („Ich denke, dass es einen Weltmarkt für vielleicht fünf Computer gibt", Thomas Watson, 1943, CEO IBM). Wenn wir nur die Ideen und Vorschläge angehen, die sich mit bekannten Lösungen rechnen, ergibt sich ein strategischer Zickzackkurs, und langfristiger Erfolg wäre purer Zufall. Die Wettbewerbsvorteile von morgen rechnen sich heute meist nicht. Hier versagt die Kosten-Nutzen-Rechnung. Ein Ziel-Zustand hat aber immer Ziel-Kosten und einen Ziel-Nutzen, der sich rechnet. Es geht darum, ihn möglich zu machen.

WAS BRINGT ES?

Beispiel aus der Praxis

In meiner Zeit als Werkleiter bei einem renommierten Elektrowerkzeughersteller hatte ich ein für mich erhellendes Erlebnis. In einem unserer Jourfixe-Termine berichtete mir Karsten einer meiner Abteilungsleiter, über große Probleme mit dem OEE (Overall Equipment Effectiveness – Gesamteffizienz) seiner Anlagen. Er vermutete, dass dies auf Probleme im internen Logistikprozess seiner Abteilung zurückzuführen sei. Wir beschlossen, die Vermutung durch Fakten zu überprüfen. Er führte dazu einen Selbstaufschrieb an den betroffenen Anlagen ein. Die Teammitglieder an den Anlagen notierten jede Verzögerung und jeden Fehler in Bezug auf die logistische Versorgung. Verspätete Materiallieferung, nicht oder nicht vollständig bereitgestellte Werkzeuge für den Rüstprozess und Ähnliches.
Es stellte sich schnell heraus, dass etwa zehn Fehler pro Tag und Anlage zu verzeichnen waren. Nach einigen Wochen kam Karsten zu mir. „Das musst du dir ansehen", sagte er und zeigte mir einen der Aufschriebe. Bei diesem war die Erfassung nach zwei Wochen abgebrochen worden, und der Mitarbeiter hatte einen kurzen Kommentar auf das Blatt geschrieben: Kein Bock mehr, hier passiert eh nichts!

30 Ziel-Zustand definieren

Wow, das war mutig und ehrlich, schoss es mir durch den Kopf. Karsten war aufgebracht. „So geht es nicht weiter. Jetzt beschweren sich schon die eigenen Kollegen über die Schichtlogistiker. Ich werde mit den beiden ein Gespräch führen", sagte er. Dabei dachte er wohl eher an eine klare Ansage als an ein Gespräch.

Mir war sofort klar, wenn wir das jetzt tun, war an eine Beteiligung der Schichtlogistiker im Verbesserungsprozess nicht mehr zu denken. Das wäre konträr zu unserer Diskussion im Werksführungskreis über die Etablierung eines in der Breite getriebenen Verbesserungsprozesses. Wir diskutierten darüber und entschlossen uns für ein Experiment. Karsten würde die beiden Abteilungslogistiker zwar mit den Fakten und dem Unmut der Kollegen konfrontieren, sie dann aber einladen, ihren eigenen Prozess zu verbessern, und dabei seine Unterstützung anbieten.

Die beiden gingen mehr oder weniger darauf ein, meldeten aber erhebliche Zweifel an. „Null Fehler, das ist unmöglich." Als klar wurde, dass Karsten nicht vom Ziel abrückte, waren sie bedacht, die Schuldfrage eindeutig zu klären: Fehlererfassung getrennt nach Schichten war ihr erster Verbesserungsvorschlag. Karsten konterte mit einer gemeinsamen Herausforderung für den Logistikprozess. „Ihr könnt alles machen, außer getrennt nach Personen oder Schichten zu erfassen. Euer gemeinsames Ziel ist es, keine Striche auf der Fehlerliste." Es folgte eine Phase intensiver Prozessbeobachtung, in der sich die beiden erstmals auch gegenseitig bei der Arbeit beobachteten. Nach und nach verstanden sie immer mehr über die aktuelle Situation in ihrem Prozess. Es wurde klar, dass der unübersichtliche Punkt-zu-Punkt-Ansatz, bei dem immer nur eine Aufgabe betrachtet wurde, nicht sinnvoll war. „Wir versorgen immer dieselben Punkte, warum sortieren wir diese nicht wie auf einer Busroute", schlug einer vor. Nach und nach entstand ein immer genaueres Bild dieser Route mit genauen Fahrzeiten. Uns war schnell klar, dass sich diese Route unmöglich auf einmal realisieren ließ. Die beiden Logistiker hatten aber mittlerweile so viel Spaß an der Verbesserung ihres Prozesses, dass sie sich davon nicht schrecken ließen. Sie zerstückelten die Aufgabe in mehrere Etappen. Realisierung der Route bis Station 1 in der ersten Woche, dann bis Station 2 in der nächsten Woche und so weiter. Den Aufbau der Route bewerkstelligten sie in vielen kleinen Schritten. Zum einen, weil sie zwischen den Schichten nur wenig Zeit hatten, zum anderen, weil unklar war, welche Lösungen und Ansätze genau die Route ermöglichen würden. Sie verfielen von selbst in einen iterativen Experimentalmodus mit täglichen kleinen Schritten.

Dabei entstand ein „Fahrplan" mit Fünf-Minuten-Taktung für den Logistikprozess. Eine so genaue Vorgabe hätten wir uns niemals vorzugeben getraut. Diese war aber von den Teammitgliedern im Prozess selbst entwickelt.

Zu diesem Zeitpunkt beobachtete ich Karsten bei einem seiner Coaching-Zyklen. Dabei führte er ein- bis zweimal täglich kurze Gespräche mit den beiden, um sie bei der systematischen Problemlösung anzuleiten und zu unterstützen. Auf seine Frage nach der aktuellen Situation antworteten sie: „Schon ganz gut, wir waren heute Morgen noch zweimal fünf Minuten zu spät." Dann drehten sich die beiden zu mir um und sagten: „Aber keine Sorge, das bekommen wir auch noch hin." Ich war platt. In wenigen Wochen von „Das geht nie" und Schuldzuweisung zu dieser begeisternden und überzeugten Aussage. Wie war das geschehen? Vier wichtige Faktoren waren zusammengekommen:

- eine klare und greifbare Herausforderung für den Prozess der Beteiligten, die zu Verbesserung herausforderte (keine Striche auf der Liste),
- statt hektischen Reagierens zunächst eine ausführliche Analyse der Ausgangssituation im Prozess,
- das Übersetzen und Herunterbrechen der Herausforderung in einen Ziel-Zustand für den Prozess auf Basis der Analyseergebnisse,
- iteratives Vorantasten von Hindernis zu Hindernis in täglichen Schritten statt eines einmaligen Workshops mit Maßnahmenplan und anschließender Implementierungsphase.

Auf natürliche Art und Weise wurden die vier Elemente der Verbesserungs-Kata sichtbar. Eine entscheidende Rolle hatte Element drei gespielt. Das Übersetzen der Herausforderung in einen Ziel-Zustand. Stellen wir uns vor, Karsten hätte zu pauschaler Verbesserung der Kennzahlen aufgerufen: „Der OEE ist zu schlecht! Das muss besser werden! Was schlagt ihr vor?" Was wäre passiert? Ausreden, Ziel-Verhandlungen oder willkürliche Vorschläge. Verbesserung muss sich immer an einer Herausforderung für den Prozess orientieren. „Euer gemeinsames Ziel: Keine Striche auf der Fehlerliste." Nur dann ist sie zielgerichtet. Nur dann entsteht Verbesserungs-Pull (Verbesserung mit Sogwirkung).

WIE GEHE ICH VOR?

In vielen Unternehmen gibt es Ziele. Das ist aber nicht ausreichend, um Verbesserung Richtung zu geben. Denn Ziele beziffern das gewünschte Ergebnis, lassen aber die Richtung, in die der Prozess verbessert werden soll, offen.

Ein besseres Ergebnis lässt sich auf zwei grundsätzlich unterschiedlichen Wegen erreichen. Mehr Umsatz bei gleichen Kosten oder gleicher Umsatz bei geringeren Kosten. Kostensenkungsprogramme unterscheiden sich in ihrer Art aber deutlich von Programmen zur Umsatzsteigerung. Der Weg zu geringeren Kosten ist wiederum ebenfalls von der jeweiligen Perspektive abhängig. In der Produktion werden dazu meist kleinere Behältergrößen und schnellere Belieferungszyklen gewünscht, um die Produktivität zu steigern. Demgegenüber hätte die Logistik gerne langsamere Belieferungszyklen, um Aufwand zu reduzieren, und der Einkauf plant mit größeren Gebindegrößen, um den Preis senken zu können.

HINWEIS

Ein guter Ziel-Zustand hat folgende sieben Elemente:

- *Übergeordnete Herausforderung:* Er leistet immer einen Beitrag zur Erreichung einer übergeordneten Herausforderung.
- *Fokusprozess:* Er fokussiert auf einen Prozess, der verbessert werden muss, um die Herausforderung zu erreichen.
- *Ergebniskennzahl:* Er zielt immer auf eine aus der übergeordneten Herausforderung abgeleitete, angestrebte Wirkung. Diese nennen wir Ergebniskennzahl, abgekürzt EKZ.

34 Ziel-Zustand definieren

- *Rahmenbedingungen:* Er gibt immer Rahmenbedingungen vor, die nicht verändert werden dürfen.*Termin:* Er ist immer terminiert. Vier Wochen sind dabei ein guter zeitlicher Abstand.
- *Soll-Ablaufmuster:* Er beschreibt den Zustand oder das Muster, in dessen Richtung der Prozess entwickelt werden soll.
- *Prozesskennzahl:* Er enthält immer eine kurzzyklisch messbare Kennzahl, die Fortschritte in Richtung des Soll-Ablaufmusters messbar macht und Feedback zu jedem einzelnen Schritt im Verbesserungsprozess ermöglicht.

Die *übergeordnete Herausforderung* des Logistikteams ergab sich aus dem Soll-Wertstrom für das gesamte Werk. Das Bestreben war, die Montage aus der Vorfertigung im FIFO (First-in-First-out) mit Motoren zu versorgen. Dies bedeutete eine erhebliche Reduzierung des Bestands an Motoren (Reichzeitreduzierung von zwei bis drei Tagen auf vier Stunden). Entsprechend reduzierten sich der Vorlauf und damit die Sicherheit für die Vorfertigung. Prozessstabilität wurde unabdingbar. Daraus ergab sich das geschilderte Problem mit der Gesamteffizienz der Anlagen (OEE). Zu viele Verluste im Vorfertigungsprozess führten zu einer instabilen Versorgung der Endmontage. Die Herausforderung in kurzen Worten: Sicherstellung der Montageversorgung im FIFO mit einer Reichweite von vier Stunden. Dazu Verbesserung des OEE an allen Anlagen auf x %.

Fokusprozess: Bei diesem Beispiel gab es viele Faktoren, die den OEE beeinflussten. Rüstzeiten, Qualität im Prozess, Qualität des Vormaterials, Produktivität im Prozess, um nur einige zu nennen. Der Abteilungsleiter setzte den ersten Fokus auf den Prozess der Materialversorgung.

Ergebniskennzahl: Jeder Ziel-Zustand beschreibt messbar die angestrebte Wirkung. Diese ergibt sich aus der Ergebniskennzahl (EKZ). Sinnvoll ist es dabei, bereits eine Übersetzung in den Fokusprozess vorzunehmen.

In unserem Beispiel wäre es möglich gewesen, den notwendigen Beitrag zum angestrebten OEE auf den Logistikprozess herunterzubrechen. Das wäre aber schwer messbar und vor allem für das Logistikteam schwer greifbar gewesen. Deshalb wurde die Kennzahl OEE übersetzt: Keine Striche auf der Fehlerliste.

Es gibt einen mathematischen Zusammenhang zum OEE. Dieser ist für das Logistikteam aber nicht relevant. Diese Übersetzung in den fokussierten Prozess ist ein wesentliches Unterscheidungsmerkmal zwischen Ziel und Ziel-Zustand.

Die Übersetzung für den Logistikprozess in kurzen Worten: Es wurde eine Verbesserung des OEE durch Reduzierung der Belieferungsfehler im Logistikprozess auf null angestrebt. Das gibt eine klare Richtung und ist für das beteiligte Team handlungsleitend.

Rahmenbedingungen: Jeder Ziel-Zustand hat Rahmenbedingungen, die nicht verändert werden dürfen oder sollen. Beispiele sind: Erreichung des Ziel-Zustands mit der gleichen Anzahl Mitarbeiter bei gleicher Qualität, gleicher Losgröße oder Rüsthäufigkeit und ohne Sicherheitsrisiken für das Team. Auch Arbeits- und Pausenzeiten sind oft gesetzte Rahmenbedingungen. Darüber hinaus ist das Budget immer Teil des Ziel-Zustands. Jeder Ziel-Zustand hat einen Wert, aus dem sich das Budget ergibt, das wir bereit sind, für die Erreichung auszugeben. Es ist also von vornherein klar, welchen Nutzen und welche Ziel-Kosten wir anstreben.

Nicht jede einzelne Maßnahmen muss sich für sich genommen rechnen, sondern der Ziel-Zustand. Die Frage ist dann

36 Ziel-Zustand definieren

nicht, ob wir am Ziel-Zustand arbeiten, sondern wie wir ihn wirtschaftlich machen.

Termin: Kein Ziel-Zustand ohne Termin. Vier Wochen bis zum nächsten Ziel-Zustand sind ein guter Zeitraum. Wenn die Herausforderung groß ist, schneide sie in kleine Scheiben. Menschen sind viel eher bereit, sich auf den Weg zu machen, wenn das nächste Etappenziel nicht weit entfernt ist.

Zudem, wenn wir eine Herausforderung bis in zwölf Monaten erreichen wollen und nach sechs Monaten den ersten Ziel-Zustand verfehlen, ist wenig Raum zur Korrektur. Kleine Etappen reduzieren das Risiko. Zudem erhöhen sie die Priorität. Wenn wir den nächsten Ziel-Zustand bereits in zwei oder sogar nur einer Woche erreichen wollen, ist die Entfernung zwar kurz, wir müssen trotzdem sofort loslegen, denn es bleiben nur wenige Tage.

HINWEIS

Die ersten fünf Elemente (Herausforderung, Fokusprozess, Ergebniskennzahl, Rahmenbedingungen und Termin) eines guten Ziel-Zustands muss die Führungskraft, der Coach, mindestens vorbereiten, um den Verbesserungsprozess starten zu können.

Soll-Ablaufmuster: Hindernisse im Prozess werden nur dann sichtbar, wenn wir den aktuellen Ablauf des Prozesses mit einem angestrebten Ablauf vergleichen können. Ein Beispiel aus dem Rennsport: Um die Rundenzeit eines Rennwagens zu verbessern, müssen wir wissen, was die Ideallinie auf der Strecke ist und mit welcher Geschwindigkeit welcher Streckenabschnitt gefahren werden soll. Dann können wir dieses

Soll-Ablaufmuster mit dem Ist-Ablauf vergleichen, Unterschiede erkennen und genau die Stellen identifizieren, die verbessert werden müssen. Allein mit der Zielsetzung Verbesserung der Rundenzeit wäre dies nicht möglich. Oft wird das Soll-Ablaufmuster erst nach einigen Schritten der Verbesserung und dadurch entstehendem, tieferem Prozessverständnis klar. Im Logistikbeispiel entstand nach und nach der Routenplan, der um immer genauere Angaben für die Soll-Zeiten ergänzt wurde.

Prozesskennzahl: Die Soll-Dauer der einzelnen Tätigkeiten wurde im Routenplan der Logistiker beispielsweise auf fünf Minuten genau angegeben. Stellen wir uns vor, der angestrebte Soll-Wert für eine Tätigkeit, die momentan 50 Minuten dauert, sei 25 Minuten. Wenn es den Beteiligten gelänge, die Dauer von 50 auf 35 Minuten zu reduzieren, wäre das eine hervorragende Verbesserung. Gäbe es deshalb weniger Striche auf der Fehlerliste und damit eine Verbesserung der Ergebniskennzahl? Nein. So ist es meist. Die EKZ zeigt zwar gesamthaft die Wirkung, ist aber zu grob, um schnell die Effekte aus einzelnen Schritten zu zeigen. Oft auch deshalb, weil mehrere Faktoren auf die EKZ wirken, wir momentan aber nur an einem arbeiten. Effekte kompensieren sich dann.

Deshalb braucht ein Ziel-Zustand immer eine kurzzyklische Prozesskennzahl, die sich auf den jeweiligen Arbeitsfokus im Prozess bezieht und schnelles Feedback ermöglicht. Die beiden Logistiker erfassten dazu die Abweichung der Dauer jeder Tätigkeit vom Soll-Ablaufmuster in Minuten.

HINWEIS

Gute Ziel-Zustände erfordern ein genaues Verständnis für die Ausgangssituation im Prozess! Dazu dient Element zwei der Verbesserungs-Kata „Ausgangssituation erfassen". Definiere nie einen Ziel-Zustand, ohne vorher den Prozess vor Ort beobachtet zu haben. Die Ausgangssituation von Ergebniskennzahl und Fokusprozess in Zahlen muss immer auf einer aktuellen Messung basieren. Es ist deshalb normal, dass wir in der Planungsphase der Verbesserungs-Kata mehrmals zwischen Element zwei und drei hin und her wechseln. Trotzdem sollte die Definition des ersten Ziel-Zustands zügig erfolgen. Falls es alleine zu schwierig ist, setzen Sie sich im Team zusammen oder legen Sie einen Workshop-Tag ein.

Zur Definition eines Ziel-Zustands hat sich ein T-Formular als geeignet herausgestellt. Auf der linken Seite wird die Ausgangssituation dargestellt. Der Ziel-Zustand wird auf der rechten Seite formuliert. Dieses Formular finden Sie im Anhang.

EXKURS: VOM PUSH ZUM PULL

Seit vielen Jahren sind wir überzeugt, Standards sind Grundlage aller Verbesserung. Könnte es sein, dass wir einen Denkfehler gemacht haben? Es gibt kein Unternehmen, in dem es keine Standards gibt. Auf unserer Lean-Reise haben wir mehr und mehr Standards definiert. Wie aber sieht es mit der Einhaltung aus?

Meist definieren wir Standards zum Abschluss eines Workshops. Dann wenden wir unseren Fokus einem anderen Thema zu, und das Team im Prozess bekommt den Auftrag: Haltet die Standards ein. Das funktioniert eine gewisse Zeit. Danach beginnt der Prozess wieder zurückzufallen. Alles ein Mangel an Disziplin? Kaum. Schon eher normales, menschliches Verhalten. So wie sich jeder von uns im Straßenverkehr nur bedingt an Standards hält und wenn, dann meist nur aus Furcht vor Kontrolle und Strafe. Auch in Unternehmen greifen wir oft zur Kontrolle von Standards. Dies ist in der Breite aber nicht möglich. Wenn wir wirklich jeden Prozess jeden Tag verbessern, können wir unmöglich alle Standards regelmäßig kontrollieren. Der Kontrollaufwand wäre enorm. Zudem wird das Thema Verbesserung mit Kontrolle verknüpft. Der Motivation, sich mit Vorschlägen zu beteiligen, ist das nicht zuträglich. Der beste Beweis dafür ist das Akkordlohnsystem. Bloß nichts verbessern, das wirkt sich negativ auf meinen Lohn aus.

Standards setzen und kontrollieren bedeutet nichts anderes, als zu warten, bis der Prozess hinter den definierten Standard zurückfällt. Dann definieren wir Maßnahmen, um ihn wieder auf das alte Niveau zurückzuführen. Ist das Verbesserung? Nein, im besten Falle halten wir den Status quo. Auch im Zusammenhang mit Shopfloor-Management agieren Führungskräfte in vielen Unternehmen so. Sie reagieren nur auf Abweichungen, führen diese durch schnelle Maßnahmen auf das alte Niveau zurück und wenden sich dann der nächsten Abweichung zu.

Kein Sportler würde besser werden, wenn er versucht, nur sein Niveau zu halten, und nur reagiert, wenn er dahinter zurückfällt.

TIPP

Spitzensportler streben ständig eine nächste, noch nicht beherrschte Herausforderung an. Sie werden deshalb kontinuierlich besser. Freizeitsportler reagieren meistens nur auf Abweichung und fallen deshalb zurück (Bild 3.2).

40 Ziel-Zustand definieren

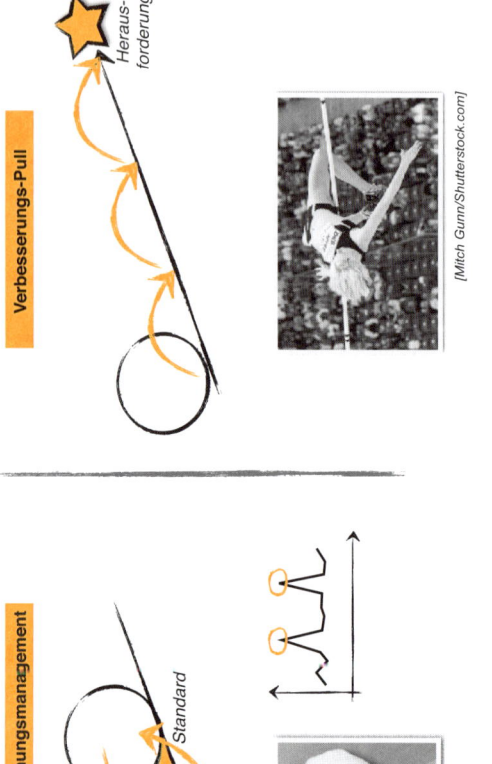

Bild 3.2 Verbesserungs-Pull statt Abweichungsmanagement

War der Fahrplan für den beispielhaften Logistikprozess aber nicht auch ein Standard, und haben wir nicht gesagt, dass Standards eben nicht zu kontinuierlicher Verbesserung führen? Sicher, der Fahrplan war ein Standard. Aber mit zwei entscheidenden Unterschieden. Erstens war er selbst erarbeitet, und zweitens lag er nicht hinter, sondern vor dem Prozess. Es war sozusagen ein Ziel-Standard oder Ziel-Zustand. Der Prozess lief zu Beginn nicht nach Standard. Die Prozessbeteiligten versuchten deswegen ständig, den Prozess ein Stück in Richtung des Ziel-Zustands zu entwickeln. Die Auditfrage „Läuft der Prozess nach Standard?" sollte daher durch die Frage „Welche Hindernisse halten uns davon ab, dass der Prozess mehr gemäß unserem Ziel-Standard läuft?" ersetzt werden (Bild 3.3).

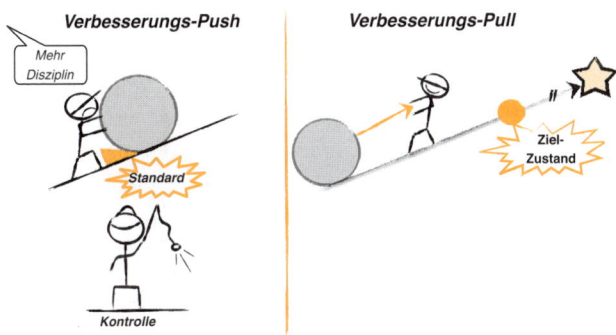

Bild 3.3 Vom Push zum Pull

Standards werden nicht dadurch eingehalten, dass wir ihre Einhaltung kontrollieren. Standards werden dann eingehalten, wenn wir einen nächsten Ziel-Zustand, ein höheres Niveau für den Prozess anstreben. Jeder Sportler verfolgt akribisch die

42 Ziel-Zustand definieren

Einhaltung bisher erarbeiteter Standards, weil er weiß, dass die Erreichung der nächsten Herausforderung nur auf dieser Basis möglich ist.

HINWEIS

Nachhaltigkeit im Verbesserungsprozess entsteht nur durch ständiges Anstreben einer Herausforderung. Stellen Sie deshalb sicher, dass jeder Prozess immer einen nächsten Ziel-Zustand hat.

Ohne Ziel-Zustand sehen wir immer nur Probleme, die sich zufällig ergeben. Erst wenn wir einen Ziel-Zustand anstreben, werden Hindernisse sichtbar, die schon immer vorhanden, aber uns bisher nicht bewusst waren. Nur wenn ein Sportler sich an einer neuen Herausforderung versucht, treten Hindernisse auf, die zwar schon vorhanden, aber nicht sichtbar waren, weil sie für das bisherige Niveau keine Rolle spielten. Profis werden immer besser, weil sie verborgene Hindernisse bewusst sichtbar machen, indem sie sich an einem Niveau versuchen, das sie bisher noch nicht beherrschten.

4 Ziel-Zustand erreichen

WORUM GEHT ES?

Bis jetzt haben wir die Planungsphase, bestehend aus den ersten drei Elementen der Verbesserungs-Kata, betrachtet. Wenn die Richtung klar, die Ausgangssituation erfasst und der nächste Ziel-Zustand definiert ist, können wir uns „auf den Weg machen". Die Umsetzungsphase der Verbesserungs-Kata oder in kleinen, schnellen Schritten zum Ziel-Zustand.

Wenn wir beginnen, den Prozess in Richtung des ersten Ziel-Zustands zu verbessern, werden uns die anfänglichen Schritte zunächst leichtfallen. Im Detail läuft das so ab: Wir stoßen auf ein erstes Hindernis (Problem). Wir vergleichen dieses Hindernis gedanklich mit anderen Hindernissen aus unserer Erfahrung. Dabei stoßen wir auf ein ähnliches Hindernis aus der Vergangenheit. Wir vergleichen intuitiv, dass wir dieses Thema schon mal hatten. Wir erinnern uns an die damals erfolgreiche Lösung und wenden diese wieder an. Dieses lösungsorientierte Vorgehen ist vermeintlich der schnellste Weg, Hindernisse zu beseitigen. Wir nennen das oft: Das Rad nicht zweimal erfinden.

> **HINWEIS**
>
> Problem → Abgleich mit Erfahrung → bekannte Lösung

Diese Art der Lösungsfindung wenden wir oft unbewusst an. Wann immer unser Gehirn mit Neuem konfrontiert wird, suchen wir in unserer „Erfahrungsdatenbank" nach Vergleichbarem und reagieren dann entsprechend der damals gemachten Erfahrung.

44 Ziel-Zustand erreichen

Versuchen Sie einmal, den folgenden Text zu lesen:

Gmäeß eneir Sutide eneir elgnihcesn Uvinisterät ist es nchit witihcg, in wlecehr Rneflogheie die Bstachuebn in eneim Wrot snid, das ezniige was wcthiig ist, ist, dass der estre und der leztte Bstabchue an der ritihcegn Pstoiion snid. Der Rset knan ein ttoaelr Bsinöldn sien, tedztorm knan man ihn ohne Pemoblre lseen. Das ist so, wiel wir ncith jeedn Bstachuebn enzeln leesn, snderon das Wrot als gseaetms.

Geschafft? Und nun diesen hier:

D1353 M1TT31LUNG Z31GT D1R, ZU W3LCH3N GRO554RT1G3N L315TUNG3N UN53R G3H1RN F43H1G 15T! 4M 4NF4NG W4R 35 51CH3R NOCH 5CHW3R, D45 ZU L353N, 483R M1TTL3W31L3 K4NN5T DU D45 W4HR5CH31NL1ICH 5CHON G4NZ GUT L353N, OHN3 D455 35 D1CH W1RKL1CH 4N5TR3NGT. D45 L315T3T D31N G3H1RN M1T 531N3R 3NORM3N L3RNF43HIGKEIT. 8331NDRUCK3ND, OD3R? DU D4RF5T D45 G3RN3 KOP13R3N, W3NN DU 4UCH 4ND3R3 D4M1T 83G315T3RN W1LL5T.

Unser Gehirn ersetzt die fehlenden oder falschen Buchstaben auf Basis der Erfahrung mit Worten und kann so zu einem sinnvollen Ergebnis kommen. Dies ist allerdings nur bei Texten möglich, die aus Wörtern bestehen, die wir regelmäßig sehen und mit denen wir Erfahrung haben. Ähnliches läuft in unserem Gehirn ab, wenn wir einer Person zum ersten Mal begegnen oder zum ersten Mal an einem uns bisher unbekannten Ort mit dem Zug oder Flugzeug ankommen. Unser Gehirn vergleicht automatisch die Situation und Eindrücke mit den bisher gemachten Erfahrungen und ruft dann eine bekannte, bei den bisherigen Erfahrungen erfolgreiche Lösung ab.

Dieses Vorgehen ermöglicht uns, den Alltag mit seiner Fülle an Eindrücken, die in jeder Sekunde auf uns einströmen, zu bewältigen. Ansonsten müssten wir alles erst neu bewerten:

gefährlich oder ungefährlich, wichtig oder unwichtig, Reaktion nötig oder nicht. Mit diesem Automatismus und unserer Erfahrungsdatenbank können wir einen Großteil der Eindrücke unter dem Motto „kenn ich" einordnen. Das gibt Sicherheit. Denn wir können durch die Extrapolation unserer Erfahrung auch die nahe Zukunft „vorhersagen", indem wir eine konkrete Erwartung an die nächsten Minuten oder Stunden haben. Die Besprechung, in der ich gerade sitze, endet in 60 Minuten. Dann ist es zwölf Uhr, und ich esse in der Kantine zu Mittag. Mit hoher Wahrscheinlichkeit wird das auch genau so eintreten. Diese Routine ist uns vertraut. Wenn ständig überraschende Dinge passieren würden und wir keinerlei sinnvolle Vorhersage machen könnten, wo wir um zwölf Uhr sind, was wir tun werden und ob wir im Extremfall noch gesund und am Leben wären, wäre dies ein enormer Stress, angsteinflößend und nicht ertragbar. Dieses automatische Vorgehen unseres Gehirns ist insofern eine sehr sinnvolle Routine.

Wir wenden diesen Ansatz oft auch bewusst an, wenn wir ein neues Projekt oder Vorhaben planen. Da uns die Aufgabe inhaltlich unbekannt ist, erstellen wir einen Plan, wie wir vorgehen werden, um die Aufgabe zu bewältigen.

Dieses Vorgehen der Problemlösung durch Extrapolation bisher gemachter Erfahrungen hat aber eine Bedingung. Die Probleme, die wir mit diesem Vorgehen zu lösen versuchen, müssen zu den bisherigen Erfahrungen passen und mit den bisherigen Lösungen machbar sein. Andernfalls ist dieses Vorgehen zum Scheitern verurteilt.

Genau das wird aber passieren, wenn wir uns auf den Weg zum nächsten Ziel-Zustand machen in Richtung einer strategischen Herausforderung, die bisher noch von keinem Wettbewerber gelöst wurde und deren Realisierung ja gerade deshalb einen Wettbewerbsvorteil darstellt. Zunächst werden wir auf Hindernisse treffen, die mit unseren bisherigen Erfahrungen lösbar sind. Nach diesen ersten Erfolgen kommen wir aber an Hindernisse, bei denen die bisherigen Erfahrungen keine funktionierenden Lösungen sind. Wir durchsuchen unsere Erfahrungsdatenbank nach passenden Lösungen und verfallen in einen „Trial-and-Error-Modus". Aber nichts funktioniert. Jetzt wissen wir nicht mehr weiter. Diesen Punkt nennt man Wissensgrenze. Jenseits der Wissensgrenze liegt die unbekannte Zone. An diesem Punkt sagen wir oft: „Das geht nicht", und geben resigniert auf.

Hier beginnt die wahre Arbeit mit der Verbesserungs-Kata. Die einzige Möglichkeit, die unbekannte Zone zu erschließen, ist, ein anderes Vorgehen zu wählen. Wir dürfen nicht mehr versuchen, durch Assoziation des Hindernisses mit gemachten Erfahrungen direkt auf eine bekannte Lösung zu springen. Wir müssen zunächst das Problem genauer verstehen – die wahre Ursache herausfinden. Dazu müssen wir ein Experiment machen, um zu verstehen, was genau im Prozess passiert. Wenn wir die wahre Ursache und die genauen Zusammenhänge kennen, die zu diesem Problem führen, werden wir auf die geeignete, neue Lösung stoßen.

HINWEIS

Problem → Ursache → neue Lösung

Wir tasten uns von Hindernis zu Hindernis zum nächsten Ziel-Zustand und erweitern dabei schrittweise die bekannte Zone. Wir schaffen uns schrittweise *neues Wissen* (Bild 4.1). Deshalb nennen wir dies auch *wissenschaftliches Vorgehen*. In der unbekannten Zone führt Lösungsorientierung nicht zum Ergebnis. Wir müssen ursacheorientiert vorgehen. Das ist der einzige Weg zum Erfolg.

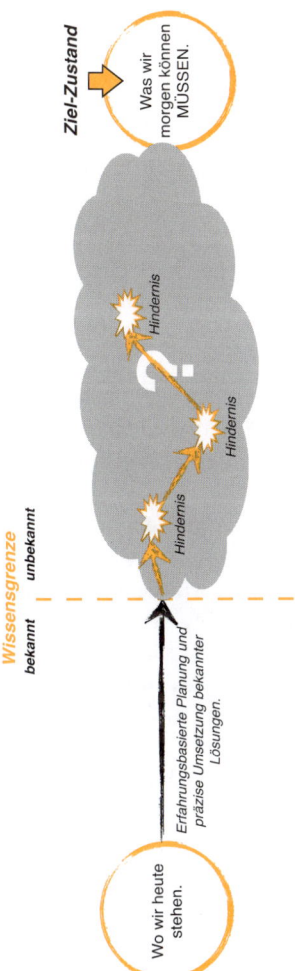

Bild 4.1 Schritt für Schritt die unbekannte Zone erschließen

TIPP

Bei der Anwendung der Kata geht es oft um die Wissensgrenze. Unsere bisherige Erfahrung reicht exakt bis dorthin. Wenn wir nicht mehr wissen, müssen wir ein nächstes Experiment durchführen, um neues Wissen zu erwerben. Dies erfolgt genau an der Wissensgrenze.

*„Bei Toyota werden alle Mitarbeiter ermutigt, immer sofort zu sagen, wenn sie die Wissensgrenze erreichen. Ich dachte, das ist ja leicht. Dann kann ich mich mit der Antwort, „das weiß ich nicht", jederzeit leicht aus der Affäre ziehen. Bei Toyota aber gilt: Sage **immer**, wenn Du etwas nicht weißt. Du musst dann aber auch sofort sagen, was Dein nächster Schritt ist, um es herauszufinden"* [Rother 2015].

So macht die Arbeit mit der Wissensgrenze Sinn, denn es ist gefährlich, wenn wir über die Wissensgrenze hinaus Annahmen treffen und Wissen vorgeben, da wir oder andere dann auf dieser Basis Fehlentscheidungen treffen. Wir sollten selbst den Mut haben und andere ermutigen, zu sagen: „Das weiß ich nicht! Ich werde es herausfinden." Dies ist in vielen Unternehmen nicht gelebte Praxis oder nicht opportun, um nicht zu sagen karriereschädlich.

Denn mit Lösungsorientierung in der unbekannten Zone bleibt nicht nur der Erfolg aus. Oft führt dieses Vorgehen in Projekten geradewegs ins Desaster. Wir haben für eine neue Aufgabe einen Projektplan erstellt und fühlen uns sicher. Jetzt beginnen wir, diesen Plan umzusetzen. Am Anfang scheint auch alles gut zu funktionieren. Dann aber kommt es zu ersten Problemen. Es tauchen Hindernisse auf, die wir bei der Erstellung unseres Plans nicht vorhergesehen hatten.

Das ist normal. Niemand von uns kann wirklich die Zukunft vorhersagen. Wir reagieren intuitiv lösungsorientiert mit bekannten Lösungen. Zunächst scheint auch das zu funktionieren. Dann aber mehren sich die Hindernisse, die durch bekannte Lösungen nicht gelöst werden. Wir werden hektisch und versuchen immer mehr verschiedene Maßnahmen. Aber der Zeitplan drängt. Die Projektampel springt auf Rot. Also schnell weiter den Projektplan umsetzen wie geplant. Wird schon gut gehen mit den bekannten Lösungen. Am Ende verfehlen wir das Projektziel. Aber wir können zumindest sagen: Alles nach Plan umgesetzt.

Ein berühmtes Beispiel: Im Winter 1911/12 brachen zwei Expeditionsteams zum Südpol auf. Das eine wurde angeführt vom Norweger Roald Amundsen. Er hatte sich schrittweise an das Projekt herangetastet. Lebensgewohnheiten der Einheimischen in arktischen Breiten studiert, ihre Kleidung, Nahrung und Transportmittel. Dann mehrere Tests mit seinem Team durchgeführt. Sein Gegner im Wettlauf zum Südpol, Robert Falcon Scott, ging anders vor. Er plante, das Rennen mit neuer, bisher unerprobter Technologie zu gewinnen: dem Einsatz von Motorschlitten. Als diese während der Umsetzung nicht funktionierten, wurde der Plan trotzdem weiter umgesetzt. Der tragische Ausgang ist allgemein bekannt. Alle Teilnehmer des Polteams von Scott inklusive seiner selbst kamen ums Leben.

In seinem Abschiedsbrief schrieb Scott: *„Wir haben Risiken auf uns genommen und wir wussten, dass wir sie auf uns nahmen; die Dinge haben sich gegen uns gewendet, und deshalb gibt es keinen Grund zur Klage für uns, stattdessen sich dem Schicksal zu fügen und die Pflicht zu erfüllen, bis zum Ende das Beste zu tun. [...] Hätten wir überlebt, hätte ich eine Geschichte zu erzählen über Kühnheit, Ausdauer und Mut meiner Kamera-*

den, die das Herz eines jeden Engländers rühren würde" [Huxley 1914].

Oder mit anderen Worten: Wir haben den Plan umgesetzt und, auch als er nicht mehr haltbar war, mit Mut weitergemacht. Aber das Schicksal war gegen uns.

> **TIPP**
>
> Ursachenorientierung und schrittweises, experimentelles Vorgehen sind die einzige Möglichkeit, die unbekannte Zone erfolgreich zu erschließen.

Rational ist uns das allen klar. Es fällt uns trotzdem schwer, danach zu handeln, weil Ursachenorientierung ungewohnt und nicht intuitiv ist. Unser Gehirn ist anders programmiert. Wir nennen dies auch das Expertendilemma. Wir alle haben ein Gebiet, in dem wir uns gut auskennen, in dem wir Experte sind, weil wir Erfahrung haben. Auf Basis dieser Erfahrung können wir Probleme schneller lösen als andere. Wir wissen intuitiv, was zu tun ist. Wir handeln nach Bauchgefühl. Das Problem dabei: Bauchgefühl ist die Summe gemachter Erfahrungen. Diese Erfahrungen haben wir aber in einem bestimmten Kontext gemacht. Deshalb ist unser Baugefühl auch nur in diesem Kontext gültig. Ändert sich der Kontext, sind die Lösungen der Vergangenheit nicht mehr gültig.

Nur wenn man sich tiefer mit einem Problem auseinandersetzt, kann eine neue Lösung gefunden werden. Wer ist mehr angesehen – derjenige, der schnell eine Lösung in den Raum wirft, oder der Zurückhaltende, der zunächst das Problem noch genauer verstehen will? Die Lösungsorientierung steht im Vordergrund und nicht die Problemorientierung.

Wir sind lösungsorientiert programmiert und trainiert. Teams, Unternehmen ja ganze Branchen sind oft limitiert auf die Anwendung von Lösungen auf Basis der bisherigen Erfahrung. Wenn wir über die Wissensgrenze hinauswollen, müssen wir „die Programmierung" unseres Denkens und Handelns ändern. Dazu brauchen wir die Verbesserungs-Kata. Diese ist eine Routine, die durch regelmäßige Übung das angestrebte, ursachenorientierte, experimentelle Verhalten trainiert, bis es schließlich zur Gewohnheit wird.

WAS BRINGT ES?

Etwa um 1750 gab ein Lehrer an der Volksschule seinen Schülern folgende Aufgabe: Addiert alle Zahlen von 1 bis 100. Alle begannen zu rechnen: 1 + 2 = 3, 3 + 3 = 6, 6 + 4 = 10, 10 + 5 = 15 und immer so weiter. Das war ja genau die Aufgabe. So hatte es sich auch der Lehrer gedacht. Die Klasse würde eine lange Zeit beschäftigt sein. Aber dann kam ein Schüler der Klasse nach wenigen Minuten mit dem Ergebnis zum Lehrer: 5.050. Es war der neunjährige Carl Friedrich Gauß. Er hatte entdeckt, dass die Zahlen von 1 bis 100 50 Paare bilden, die immer die gleiche Summe ergeben. 1 + 100 = 101, 2 + 99 = 101, 3 + 98 = 101 und immer so weiter. Also 50 mal 101 und somit 5.050 [Kehlmann 2008]. Dieses Vorgehen nennen wir heute „den kleinen Gauß".

Wie kommt es zu solchen Geistesblitzen? Wenn wir eine Möglichkeit hätten, um das Finden solcher außergewöhnlicher Lösungen in Unternehmen zu fördern, wäre das ein echter Wettbewerbsvorteil. Und genau dabei hilft das Erlernen konsequenter Ursachenorientierung.

Versuchen Sie einmal, die in Bild 4.2 dargestellte Figur mit einem Filzstift zu zeichnen, ohne dabei die Spitze des

Stiftes vom Papier abzuheben. Wenn mehrere Personen diese Übung machen, bilden sich jedes Mal zwei Gruppen. Eine sehr kleine Gruppe von Personen, die innerhalb weniger Minuten eine Lösung haben, und alle anderen, die mit zunehmender Verzweiflung versuchen, eine Lösung zu finden. Entweder wir finden zufällig die richtige Lösung oder wir stecken fest. Lösungsorientierung führt in die Sackgasse. Im besten Falle finden wir durch Zufall eine Lösung. Meist aber keine.

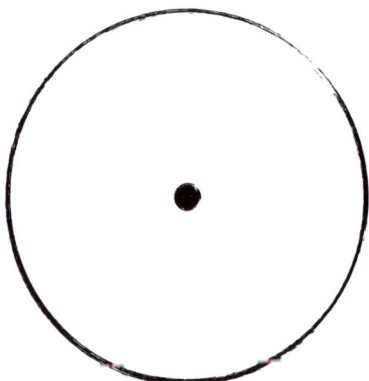

Bild 4.2 Stiftübung

Gehen wir nun die Sache ursachenorientiert an. Was genau ist das Problem? Wenn wir in der Mitte mit dem Punkt beginnen und den Stift danach nach außen bewegen, gibt es einen unerwünschten Verbindungsstrich zwischen Punkt und äußerem Kreis. Wenn wir umgekehrt vorgehen, passiert das Gleiche. Wie kann ich verhindern, dass es einen Strich gibt – ohne den Stift abzuheben? Jetzt kommt es darauf an, dranzubleiben und tiefer zu verstehen. Was genau passiert im

Prozess, wenn wir den Stift von innen nach außen bewegen? Tinte fließt aus der Spitze des Stiftes auf das Papier. Jetzt lautet die Frage: Wie können wir verhindern, dass Tinte aus der Spitze auf das Papier fließt? Wir könnten ein Stück Papier dazwischenlegen und auf diesem nach außen fahren. Dann ziehen wir den Kreis. Es gibt aber nicht nur eine Lösung. Schauen wir einmal noch genauer auf den Prozess. Wenn wir den Stift von innen nach außen bewegen, fließt Tinte aus der Stiftspitze auf das Papier und haftet dort. Jetzt haben wir sogar drei Ansatzpunkte: Verhindern, dass die Tinte aus der Spitze fließt, oder verhindern, dass sie aufs Papier kommt, oder verhindern, dass sie dort haftet. Zu jedem dieser Ansatzpunkte gibt es mehrere Lösungsmöglichkeiten. Wir könnten einen Unterdruck im Stift erzeugen, um das Austreten der Tinte zu verhindern. Wir könnten die Tinte austreten lassen, aber einen Tesafilmstreifen zwischen Mitte und Kreis anbringen, um zu verhindern, dass die Tinte haftet. Oder eine langsam trocknende Tinte verwenden.

Ursachenorientierung öffnet den Lösungsraum. Es gibt nie nur eine mögliche Lösung. *„Wir können nicht beweisen, dass etwas nicht geht. Wir können nur beweisen, dass wir es bisher noch nicht hinbekommen haben"* [Popper 1996].

Ursachenorientierung ist auch der Schlüssel zu Nachhaltigkeit. Demgegenüber verleitet Lösungsorientierung zur Bekämpfung von Symptomen und Maßnahmen mit nur kurzer Wirkungsdauer oder sogar negativen Nebenwirkungen. In den 1950er-Jahren gab es in der Region von Borneo Probleme mit Malaria. Die Weltgesundheitsorganisation kam zum Entschluss, den bekannten Überträger von Malaria, nämlich die Mücken, mit einem Insektizid namens DDT in der ganzen Region zu töten. Eine weitere Ausbreitung von Malaria wurde somit auch eingedämmt. Allerdings hatte diese Maßnahme eine unerwartete Kettenreaktion an Nebenwirkungen. Das Toxikum reduzierte auch eine Wespenart, die spezielle Raupen in ihrer Population erheblich reduzierte. Diese Raupen nisteten sich besonders gerne in den Palmdächern der Dorfbewohner ein, die durch dessen Larven erhebliche Schäden erlitten. Die Folge waren massive Beschädigungen der Dächer.

Aber das war nur der Anfang. Einheimische Eidechsen fraßen ebenfalls kontaminierte Fliegen und starben. Entlang der Nahrungskette wurden diese Eidechsen unter anderem von Hauskatzen gefressen, welche ebenfalls aufgrund des Toxikums starben. Dem nicht genug, verendeten diese, was zu einer Explosion der Rattenpopulation führte. Ratten sind Krankheitserreger unter anderem für Typhus.

Ein erneuter Hilferuf bei der WHO führte letztendlich dazu, dass Katzen per Flugzeug mit Fallschirmen nach Borneo gesandt wurden. Heute wird dieses Ereignis als „Operation Cat Drop" bezeichnet und ist auf zahlreichen Links im Internet zu finden [Systems thinking 2014]. Diese Geschichte mag mit der Zeit ausgeschmückt worden sein, zeigt aber deutlich:

HINWEIS

Wirtschaftlichkeit und Nachhaltigkeit entscheiden sich bei der Ursachenforschung, nicht bei der Auswahl der Maßnahme!

Im Jahre 1934, als das erste Auto bei Toyota in Entwicklung war, entschied Kiichiro Toyoda, den Sechs-Zylinder-Motor von Chevrolet zu kopieren. Unter seiner Leitung arbeitete das Entwicklungsteam auf Basis der Erfahrung, die es mit einfachen Spritzgusswerkzeugen für den Bau von Webstühlen gemacht hatte. Allerdings waren die Werkzeugteile für Zylinder deutlich komplexer. Deshalb studierten sie die Lösungen in und ausländischer Wettbewerber und entwarfen ihre Werkzeugteile anhand dieser Erkenntnisse.

Toyotas Team ging davon aus, dass sie durch Übertragung der Best Practices die erforderliche Qualität erreichen würden. Schließlich stabilisierte sich der Produktionsprozess und etwa 300 Teile wurden hergestellt. Das Team war so begeistert, dass es sofort mit der weiteren Bearbeitung der Teile begann und die Motoren fertig stellte. Jedoch verfehlten die Motoren die Leistungsanforderungen. Dies machte Kiichiro Toyoda große Sorge. Sollte er die Werkzeuge nacharbeiten lassen, um den Verlust zu verhindern? Er erkannte, dass er zu wenig auf die Wechselwirkungen des Gesamtsystems und Sicherstellung der Prozessqualität durch schrittweise Verifizierung geachtet hatte. Das war eine teure Lektion. Ihm wurde klar, dass er die Auffassung, dass schlechte Qualität in Ordnung und Nacharbeit normal sei, verhindern musste. Andernfalls würde das Unternehmen immer wieder unter Qualitätsproblemen leiden. Dies war der Start für Toyotas Markenzeichen der Bestätigung von Prozessen Schritt für Schritt. [Toyota Motor Manufacturing 1997].

WIE GEHE ICH VOR?

Auf dem Weg zum Ziel-Zustand beobachten wir immer wieder den aktuellen Ist-Zustand. Dabei entdecken wir das nächste Hindernis. Oft versuchen wir dazu auch im Rahmen eines Testlaufs, den Prozess gemäß dem angestrebten Ziel-Zustand zu betreiben. Dadurch treten dann die Hindernisse zutage. Diese gehen wir dann eines nach dem anderen an. Es kommt darauf an durch genaue Analyse die wahre Ursache des jeweils nächsten Hindernisses herauszufinden. Hier ist meist der größte Aufwand im Kata-Kreis (Bild 4.3) nötig. Haben wir die wahre Ursache gefunden, können wir einen Lösungsansatz als These formulieren und eine testweise Umsetzung, ein Experiment planen.

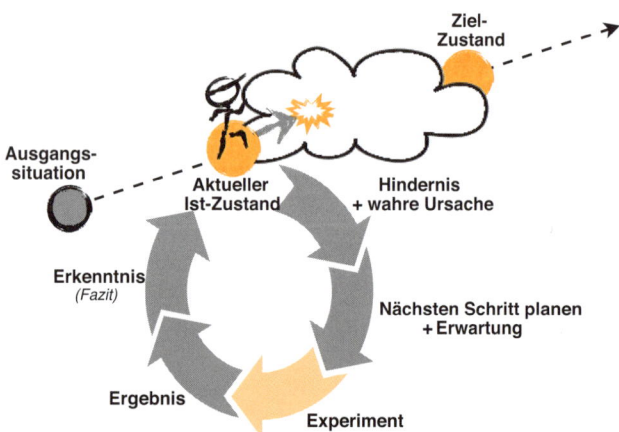

Bild 4.3 Der Kata-Kreis

HINWEIS

Es geht nicht um Probieren, trial and error, sondern wissenschaftliches Experimentieren. Experimente sind deshalb immer mit einer begründbaren und messbaren Erwartung verknüpft. Wenn wir A machen, sollte B passieren.

Jetzt sind wir bereit für die Durchführung des Experiments. Dieses wird ein Ergebnis liefern, aus dem wir dann eine Erkenntnis bezüglich unserer These ableiten können. Je nach Ausgang des Experiments ist das Hindernis jetzt beseitigt, und wir gehen das nächste Hindernis in gleicher Weise an. Oder aber unsere Erwartung wurde widerlegt, und wir durchlaufen den Kata-Kreis ein weiteres Mal zum gleichen Hindernis.

TIPP

Mikio Kitano, ehemaliger Präsident von Toyota Motor Manufacturing Nordamerika, sagte 1997 in einem Vortrag:

„Das Geheimnis von TPS (Toyota-Produktionssystem) ist gesunder Menschenverstand. Höchstwahrscheinlich haben Sie dieses Prinzip schon von Ihren Eltern und Lehrern gehört: 'Mach es beim ersten Mal richtig!' Jetzt wissen Sie alles. Aber lassen Sie mich das genauer erklären, wie man die Dinge beim ersten Mal richtig machen kann. Es geht nur durch Bestätigung Schritt für Schritt. Vom kleinsten Detail eines Prozesses bis hin zum komplexesten Vorgang im Unternehmen. Nun wissen Sie das ganze Geheimnis. Wir benötigen nur gesunden Menschenverstand" [Toyota Motor Manufacturing 1997].

5 Nach der Coaching-Kata führen

WORUM GEHT ES?

Führung schafft Wirklichkeit – eine Wirklichkeit, die es ohne diese Führung nicht gegeben hätte. Wenn wir einen unserer Mitarbeiter für die Bewältigung einer Aufgabe loben, ist das für ihn die Realität. Wenn wir ihn bei gleichem Ergebnis für die Ausführung tadeln würden, wäre das für ihn ebenfalls real. Führung setzt die Priorität und den Bewertungsmaßstab. Sie beeinflusst das Denken und Handeln der Menschen in einem Unternehmen in hohem Maße. Was ist richtig, was ist falsch, was ist erwünschtes Vorgehen, was nicht? Was darf man sagen, was nicht?

Deshalb entscheidet darüber, wie wir führen, welche kollektiven Denk- und Handlungsmuster entstehen und damit welche Kultur sich daraus ergibt.

> **HINWEIS**
>
> **Coaching-Kata**
>
> Soll der Verbesserungsprozess langfristig erfolgreich sein, sind selbstmotivierte und selbstbestimmt handelnde Mitarbeiter nötig. Voraussetzung hierfür ist eine Führung, die jedem Mitarbeiter mit Wertschätzung entgegentritt, Lösungen nicht vorgibt, sondern den Fokus auf Befähigung zu eigenverantwortlichem Handeln legt. Wenn wir dazu mit Hilfe der Verbesserungs-Kata, zielgerichtetes, faktenbasiertes, ursachenorientiertes und experimentelles Vorgehen in kleinen Schritten, zum kollektiven Handlungsmuster machen wollen, muss dies durch eine entsprechende Führungsweise gefördert werden.

60 Nach der Coaching-Kata führen

Folgende Übung zur Illustration. Kreisen Sie einmal Ihr linkes Bein im Sitzen oder Stehen gegen den Uhrzeigersinn. Stellen Sie sich vor, dies ist ein Mitarbeiter Ihres Unternehmens, der immer in einer bestimmen Art und Weise an Probleme herangeht. Er geht immer nach einem bestimmten Muster vor – dies ist sein Handlungsmuster (gegen den Uhrzeigersinn). Jetzt kommt die Führungskraft ins Spiel. Zeichnen Sie dazu, während Sie Ihr Bein (Mitarbeiter) weiter kreisen, mit Ihrer rechten Hand (Führungskraft) eine Drei in die Luft. Was passiert mit Ihrem Bein? Es beginnt andersherum – im Uhrzeigersinn – zu kreisen. Weiterhin stellen Sie sich nun vor, die Führungskraft eines Teams sagt am Montag „Drei", am Mittwoch „Sechs" und am Freitag „Zwölf". Welches Handlungsmuster wird im Team gefördert. Richtig. Gar keines. Willkür, wir nennen das auch Situationselastizität, herrscht vor. Gleiches geschieht, wenn der Teamleiter „Drei" sagt, der Bereichsleiter „Zwölf" und die Geschäftsführung „Sechs". In einer solchen Lage kann kein einheitliches Denk- und Handlungsmuster ausgerichtet auf kontinuierliche Verbesserung entstehen.

Wenn wir also die Verbesserungs-Kata zum kollektiven Handlungsmuster und damit zielgerichtet Verbesserung zur täglichen Routine machen wollen, brauchen wir ein korrespondierendes Führungsmuster. Und zwar konsistent und kollektiv. Was bedeutet, dass alle Führungskräfte im Unternehmen dasselbe Führungsmuster täglich anwenden. Nur dann wird zielgerichtetes, faktenbasiertes, ursachenorientiertes und experimentelles Vorgehen in kleinen Schritten zur Gewohnheit und Verbesserung zum Teil der Kultur.

Gehen wir gedanklich noch mal zurück zu unserer Übung Beinkreisen. Stellen wir uns vor, alle Führungskräfte eines Unternehmens würden täglich das Führungsmuster „Drei" verwenden. Wir können geradezu spüren, wie nach und nach das Handeln aller Mitarbeiter die „Drehrichtung" ändert. Ein neues Handlungsmuster – im Uhrzeigersinn – entsteht und wird zur kollektiven Gewohnheit.

Was aber genau ist ein Führungsmuster? Das Handlungsmuster Zähneputzen beispielsweise führen wir selbstverständlich und ohne nachzudenken mindestens zweimal täglich aus. Dieses Handlungsmuster ist zur Routine geworden. Einer Routine, die allerdings nicht angeboren ist. Babys kommen nicht mit dem Drang, morgens und abends Zähne zu putzen, auf die Welt. Wie also ist diese Routine entstanden? Wir alle hatten in jungen Jahren eine Führungskraft, die ein Führungsmuster entwickelt hat, um diese Routine zu entwickeln. Dieses Führungsmuster bestand aus der immer gleichen Frage „Hast du die Zähne geputzt?" oder noch besser „Wie lange hast du die Zähne geputzt?".

Führungsmuster sind also Fragemuster, die das Vorgehen, die Methode hinterfragen. Sie hinterfragen nicht das Ergebnis. „Sind deine Zähne sauber?" wäre eine unsinnige Frage, denn die Antwort des Kindes wäre immer Ja. Unabhängig vom tatsächlichen Zustand. Führungsmuster erfragen auch keine Lösungen: „Wie bekommst du deine Zähne sauber?" Antwort des Kindes: „Zweimal täglich den Mund mit Cola ausspülen."

Achtung/Hürde
Führungsmuster sind Fragemuster, die das methodische Vorgehen hinterfragen!

Wer fragt, führt (Bild 5.1). Oder vielleicht sollten wir besser sagen: Wer richtig fragt, führt richtig? Entscheidend ist, welche Fragen wir stellen. Wie also müssen wir fragen, um die Verbesserungs-Kata zu trainieren und zum kollektiven Handlungsmuster zu machen?

62 Nach der Coaching-Kata führen

Welche Fragen würden Sie Ihren Mitarbeitern stellen, um das Vorgehen entlang des Kata-Kreises zu trainieren? Notieren Sie Ihre Überlegungen, bevor Sie weiterlesen.

Bevor wir auf die Fragen eingehen, zunächst einige grundlegende Überlegungen. Wie trainiert man ein Handlungsmuster? Im Sport fordert der Coach zunächst den Sportler auf, eine Aktion auszuführen. Etwa einen Aufschlag beim Tennis, einen Sprung beim Hochsprung oder eine Wende beim Schwimmen. Aus der Beobachtung erkennt der Coach die Lernfelder des Lernenden und wird im Anschluss diese trainieren. Ein dreistufiger Prozess: machen lassen, beobachten, dann anleiten. Genau diesen Ansatz verwenden wir auch, um die Verbesserungs-Kata zu trainieren.

Der Coach stellt eine offene Frage, um herauszufinden, wie der Verbesserer denkt. Die Antwort gleicht er gedanklich mit seinem Referenzmuster, dem Kata-Kreis, ab und kann dann, wenn nötig, durch vertiefende Fragen methodisch anleiten.

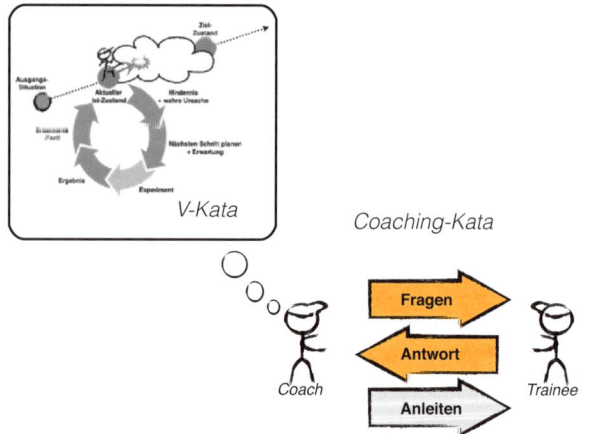

Bild 5.1 Wer fragt, führt

Welche Frage haben Sie als Erstes notiert? Wir wollen zielgerichtetes Verbessern fördern, nicht Ideensammlungen, Maßnahmenlisten und lokale Suboptimierung. Deshalb fragen wir immer als Erstes: *Was ist der Ziel-Zustand für diesen Prozess?* Was haben Sie dann notiert? Wenn wir den Ziel-Zustand kennen, wollen wir als Nächstes faktenbasiertes Handeln und Beobachtung mit eigenen Augen fördern. Wo steht der Prozess aktuell. Wir wollen Annahmen und Meinungen vermeiden. Dazu fragen wir: *Wie ist der aktuelle Ist-Zustand?* Spätestens jetzt, wenn das Delta zwischen Ist und Ziel bekannt ist, sind wir versucht zu fragen: Was tun Sie jetzt um das Problem zu beseitigen? Oder auch: Was schlagen Sie vor?

HINWEIS

Diese, von Führungskräften häufig verwendeten Fragen, fordern den Mitarbeiter direkt zu einem Vorgehensvorschlag auf. Sie fördern deshalb lösungsorientiertes und nicht ursachenorientiertes Denken und Handeln.

Um Ursachenorientierung zu trainieren, müssen wir deshalb fragen: *Welche Hindernisse halten dich davon ab, den Ziel-Zustand zu erreichen?* Nachdem wir die Antwort erhalten haben, wollen wir zur Fokussierung anleiten und fragen deshalb: *Welches eine gehst du als Nächstes an?* Egal in welchem Führungsratgeber Sie lesen, Fokussierung auf die wenigen, aber entscheidenden Dinge und in der Umkehrung Weglassen der vielen Bälle, die wir gerne jonglieren, sind eine der Stärken erfolgreicher Führungskräfte. Auch das trainiert die Verbesserungs-Kata: *ein* Ziel-Zustand, *ein* Hindernis, *ein* nächster Schritt.

Das Hindernis zu kennen bedeutet noch lange nicht, die Ursache verstanden zu haben. Deshalb hat es sich bewährt, auch jetzt noch nicht sofort nach dem nächsten Schritt zu fragen, sondern zur Ursachenanalyse anzuleiten mit der folgenden Frage in Bezug auf das ausgewählte Hindernis: *Und was genau ist das Problem?* Erst wenn wir die Ursache verstanden haben, sind wir bereit für den nächsten Schritt. Oft kennen wir die Ursache aber noch nicht und müssen zunächst einen nächsten Schritt zur genaueren Analyse machen. In beiden Fällen fragt der Coach jetzt: *Was ist deshalb dein nächster Schritt?* Bei der Arbeit mit der Verbesserungs-Kata gibt es an dieser Stelle oft ein Missverständnis. Der nächste Schritt ist nicht willkürliches Probieren. Entscheidend ist zielgerichtetes Experimentieren. Experimentieren unterscheidet sich von Probieren in zwei Punkten. Erstens, ein Experiment basiert auf einer Hypothese, die überprüft werden soll, und zweitens, ein Experiment ist immer mit einer konkreten Erwartung verknüpft, die auf der Hypothese basiert. Ein einfaches Beispiel:

Hypothese: Wasser dehnt sich beim Erwärmen aus.

Experiment: Ein längliches, senkrecht stehendes Gefäß wird an seiner Unterseite erhitzt.*

Erwartung: Die Wassersäule wird länger und die Oberfläche steigt um x Millimeter nach oben.

* Anmerkung: Die Ausdehnung wird in Längsbewegung umgesetzt. Es gäbe mehrere Möglichkeiten der Versuchsanordnung, um die Hypothese zu überprüfen. Ein Experiment ist meist nur eine mögliche Umsetzung zur Überprüfung einer Hypothese. Meist ist der Versuch, die Hypothese zu widerlegen, aussagekräftiger. Deshalb sollten Experimente in dieser Art geplant werden. Wir müssen herausfinden, wann unser Ansatz nicht funktioniert. Nur dann können wir immer besser werden.

Um experimentelles Vorgehen zu fördern, fragen wir in Bezug auf den nächsten Schritt: *Und was erwartest du dann?* Jetzt ist es Zeit, dass der Verbesserer das Experiment selbständig durchführt. Wir fragen deshalb zum Abschluss: *Wann können wir uns anschauen, was du bei diesem Schritt herausgefunden hast?*

Und was ist jetzt mit dem Ergebnis des Experiments und der Erkenntnis daraus? Dazu ergänzen wir im nächsten Coaching-Zyklus bei der Frage nach dem Ist-Zustand: *Und was hast du beim letzten Schritt herausgefunden?*

Jetzt wissen wir, warum die fünf Fragen der Coaching-Kata so sind, wie sie sind. Eine Übersicht der Fragen finden Sie auch im Anhang als Merkkarte für den Coach.

WAS BRINGT ES?

Die Coaching-Kata fördert zielgerichtetes, faktenbasiertes, ursachenorientiertes, experimentelles Denken und Handeln in kleinen schnellen Schritten, Schritt für Schritt den Kata-Kreis entlang.

Warum aber brauchen wir dazu ein Führungsmuster? Weil Training alleine nicht reicht. Dieser Fehler wiederholt sich in Unternehmen immer wieder. Mitarbeiter absolvieren ein- oder zweitägige Methodentrainings und kommen begeistert an den Arbeitsplatz zurück. Dann stellen sie aber ernüchtert fest, dass das im Training Vermittelte am Arbeitsplatz weder gefordert, geschweige denn gefördert wird. Schon nach wenigen Wochen ist von den Trainingsinhalten kaum etwas übrig.

HINWEIS

Menschen lernen nur 10 % in Trainings, 20 % von anderen und 70 % durch *Tun*.

Deshalb brauchen wir Training on the Job oder: Übung macht den Meister. Nur wenn der Coach die Anwendung der Verbesserungs-Kata an der täglichen Arbeit trainiert, wird der Verbesserer sie beherrschen lernen und regelmäßig anwenden.

Was aber bringt die Anwendung der Coaching-Kata nun wirklich? Zurück zu unserer *Erfolgsformel $E = F \times M \times A$*. Menschen bringen sich aktiv in den Verbesserungsprozess ein, wenn sie die Aufgaben bewältigen können, sich einbringen wollen und sich auch einbringen können (*können, wollen, dürfen*). Die Coaching-Kata erfüllt genau diese drei Bedingungen. Ihre Anwendung on the Job entwickelt die Problemlösungsfähigkeit des Verbesserers. Je sicherer er in der Anwendung wird, umso mehr wird er das Gefühl haben, zu können.

Ein Mitarbeiter stellte die Frage: „Wann werden wir das mit der ständigen Veränderung aufhören?" Es war offensichtlich, was er hören wollte, und zwar dass alle Veränderungsthemen zeitnah endgültig abgeschlossen werden. Doch wir können diese Antwort den Menschen in unseren Unternehmen nicht geben. Oder wie es Karl Popper sagte: „Die Zukunft ist ungewiss." Deshalb ist es unsere Pflicht, uns einzusetzen für die Dinge, die die Zukunft besser machen können. Verbesserung ist der entscheidende Wettbewerbsfaktor. Zusätzlich verändert sich die Welt um uns herum rasant. Das macht Menschen Angst. Mit dem Training der Verbesserungs-Kata geben wir Menschen einen Ausweg. Ein Bergsteiger auf einer Erstbesteigung würde sagen: „Ich kenne den Berg, die Route nicht, aber ich weiß, ich kann klettern."

Wollen: Es ist nicht möglich, dass wir eine Einstellung verändern, dass Menschen „wollen". Motivation und Motive sind individuell. Deshalb hat auch die Suche vieler Unternehmen nach dem kollektiven Sinn wenig Aussicht auf Erfolg. In der täglichen Arbeit zählt vor allem Priorität. Was nehme ich als wichtig wahr? Als wichtig vor allem für meine Führungskraft. Ein Gedankenexperiment dazu: Wie managen wir in einer Krise? Wir bestehen auf einem täglichen Statusreport. Übersetzung: Wenn etwas wirklich wichtig ist, fragt mein Chef täglich danach. Fazit: Wenn Verbesserung nicht die Priorität einer Krise hat, gewinnt immer das Tagesgeschäft. Wonach fragen Führungskräfte ihre Mitarbeiter? Zielen die Fragen auf das Tagesgeschäft: Geht der Auftrag XY heute noch raus? Oder auf Verbesserung und Realisierung der strategischen Herausforderung? Wenn wir nur einmal in der Woche oder im Monat nach Verbesserung fragen, brauchen wir uns nicht zu wundern, wenn das Tagesgeschäft immer gewinnt.

HINWEIS

Wenn wir kontinuierliche Verbesserung in Richtung der strategischen Herausforderungen wollen, müssen wir sicherstellen, dass diese Priorität hat. Dazu müssen wir die Coaching-Kata täglich anwenden.

Menschen beteiligen sich aktiv, wenn sie dürfen. Die Coaching-Kata ist ein lösungsoffener Führungsansatz. Der Coach zielt nicht auf die Realisierung einer bestimmten (seiner) Lösung, sondern achtet auf das methodische Vorgehen: „Zeige mir deine Beweisführung, deine Herleitung. Wenn diese logisch ist, kannst du selbstverständlich deine Lösung umsetzen."

HINWEIS

Führen mit der Coaching-Kata ist lösungsoffen, aber methodisch präzise.

68 Nach der Coaching-Kata führen

Wenn wir Menschen und Teams lösungsoffen führen, fördert das die Selbstverantwortung und vor allem die Selbstbestimmtheit. Und Selbstbestimmtheit ist *der* Auslöser für Selbstmotivation.

In einem Unternehmen, in dem täglich, auf allen Ebenen mit der Coaching geführt wird. steigt die Problemlösungsfähigkeit kontinuierlich. Menschen bemerken: Wir können echte Herausforderungen knacken und erfolgreich sein! Das Selbstvertrauen wächst stetig.

Durch die tägliche Anwendung hat die Umsetzung der Strategie auf allen Ebenen Priorität. Die Menschen im Unternehmen kennen die Richtung und auch ihren Beitrag dazu, da in allen Prozessen immer ein nächster Ziel-Zustand angestrebt wird. Sie erkennen: Ja, das macht Sinn. Da will ich dabei sein. Und ich darf meine eigenen Ideen umsetzen.

Selbstmotivation und zielgerichtete Problemlösungsfähigkeit im Kollektiv. Jeder, jeden Tag, jeder Prozess. So wird kontinuierliche Verbesserung zum zentralen Wettbewerbsvorteil. Aber um selbstmotivierte Verbesserung zu erreichen, müssen wir eigenverantwortliches Handeln zulassen. Wenn wir es nicht ernst meinen, werden es die Menschen bald bemerken – und aufhören!

Führen mit der Coaching-Kata heißt auch, sich von eigenen Lösungen zu verabschieden. Sie ist deshalb nicht für alle geeignet und eine persönliche Entscheidung.

Ein herausragendes Team zu entwickeln bedeutet für den Coach, sich selbst weiter zu entwickeln. Die Umsetzung eines kontinuierlichen Verbesserungsprozesses erfordert deshalb vor allem, die Führung zu verbessern. Verbesserung führen heißt Führung verbessern. Die Coaching-Kata ist die Trainingsroutine dazu. In der Armee gibt es die normalen Truppen und dann die Spezialkräfte. Die Arbeit mit der Kata ist ähnlich.

Es gibt Menschen, die weiter führen wie bisher, und solche, die bereit sind, hart an ihrer eigenen Führungsfähigkeit zu arbeiten, um ihr Team auf ein neues Niveau bringen zu können. Spitzenteams brauchen einen Spitzencoach.

> **HINWEIS**
>
> Die Coaching-Kata trainiert nicht nur die Verbesserungs-Kata, sondern hilft auch dem Coach, selbst lösungsoffen zu bleiben.

WIE GEHE ICH VOR?

Ein guter Coach kann fünf oder sechs Verbesserer pro Tag coachen. Die Anzahl der Coachs und ihre Fähigkeiten entscheiden deshalb über die Verbesserungsfähigkeit der Gesamtorganisation. Ziel muss es also sein, möglichst schnell fähige Coachs in einer Organisation zu entwickeln. Dabei gibt es zwei Hindernisse. Im Fußball muss ein guter Coach wissen, wie es sich anfühlt, den Ball zu spielen. Genauso muss ein guter Kata-Coach die Verbesserungs-Kata beherrschen. Nur dann kann er lösungsoffen, aber auch methodisch präzise coachen. Wenn es knifflig wird, nehmen manche Coachs irrtümlicherweise an, sie bräuchten mehr Fachkenntnisse über den Prozess. Dann leiten sie aber fachlich an, nicht methodisch. Zum Zweiten ist es schwer, die eigenen Lernfelder als Coach zu erkennen. Deshalb ist es hilfreich für den Coach, regelmäßig Feedback zu bekommen.

Zu Beginn stehen wir also vor folgendem Problem: Wir müssten schnell die ersten Coachs entwickeln, diese müssten dazu zuerst die Verbesserungs-Kata lernen. Es gibt aber noch keine Coachs, die ihnen dies beibringen könnten.

70 Nach der Coaching-Kata führen

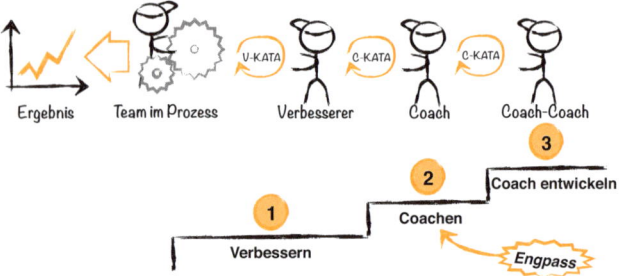

Bild 5.2 Lernstufen

Deshalb brauchen wir einen Arbeitsmodus, der das Erlernen der Verbesserungs-Kata und der Coaching-Kata gleichzeitig ermöglicht (Bild 5.2). Die Lerngruppe mit mindestens drei Personen. Jeder verbessert dabei einen Prozess, um die Verbesserungs-Kata zu erlernen, und wird dabei von einem anderen Teilnehmer der Lerngruppe gecoacht. Die Lerngruppe trifft sich einmal täglich und führt reihum die Coaching-Zyklen durch. Das jeweils dritte Mitglied der Lerngruppe beobachtet den Coaching-Zyklus und gibt dem Coach danach kurz Feedback. Eine Beobachtungs- und Feedbackanleitung finden Sie im Anhang.

Meist ist es besser, dass vier Personen eine Lerngruppe bilden, da immer wieder ein Teilnehmer verhindert sein wird. Dann sind aber immer noch alle drei Rollen, Verbesserer, Coach und Beobachter, besetzt (Bild 5.3).

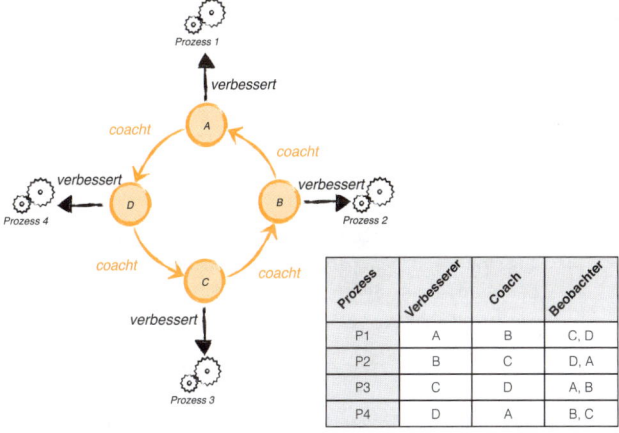

Bild 5.3 Lerngruppe

Die Teilnehmer der Lerngruppe (Viererlerngruppe) benötigen pro Tag etwa 90 Minuten. Dies ergibt sich aus vier Coaching-Zyklen à zehn Minuten zuzüglich fünf Minuten für Feedback und Ortswechsel sowie weitere 30 Minuten für Umsetzung des nächsten Schritts direkt im Anschluss. Das erscheint zunächst viel. Die meisten Führungskräfte haben einen vollen Kalender. 90 Minuten Zeit für Coaching und Verbesserung pro Tag sind der Ziel-Zustand für die Teilnehmer der Lerngruppe. Daraugf gilt es hinzuarbeiten, denn das ist die Voraussetzung für den weiteren Rollout des Coaching-Prozesses im gesamten Unternehmen. Warum ist das so?

Ein guter Coach coacht fünf bis sechs Verbesserer pro Tag. Dafür benötigt er 90 Minuten Zeit. Der Lerngruppenmodus etabliert genau dieses tägliche, 90-minütige Zeitfenster bei den Teilnehmern.

HINWEIS

Eine Lerngruppe, die das Coaching-Zeitfenster noch nicht schafft, ist noch nicht bereit für den Rollout.

TIPP

Terminvereinbarungen in der Lerngruppe von Tag zu Tag sind meist wenig erfolgreich. Blocken Sie in der Lerngruppe ein tägliches Zeitfenster und arbeiten Sie darauf hin, dieses Zeitfenster mehr und mehr einzuhalten.

Fähigkeiten entwickeln sich nur durch Üben. Deshalb sind Regelmäßigkeit und Anzahl der Coaching-Zyklen in der Lerngruppe entscheidend für den Lernfortschritt. Die meisten Coachs fühlen sich nach circa 100 Coaching-Zyklen in der Lerngruppe sicher genug, eigenständig Verbesserer zu coachen.

Das Vorgehen in der Lerngruppe verhindert Kollateralschäden. Unerfahrene Coachs können die Kata schnell im Unternehmen „verbrennen". Denn einfach nur die fünf Fragen zu stellen wird von Verbesserern nicht als methodische Hilfe, sondern als Mikromanagement empfunden.

TIPP

Es kann sein, dass Sie nicht zwei Kollegen für eine Lerngruppe finden. Dann ist kollegiales Coaching eins zu eins eine Option. Suchen Sie sich dazu einen Partner. Jeder von Ihnen arbeitet mit der Verbesserungs-Kata an einem Prozess. Coachen Sie sich dann täglich gegenseitig. Halten Sie sich am Anfang strikt an die fünf Fragen der Coaching-Kata. Es ist nichts dabei, diese von der Merkkarte abzulesen. Viele Coachs machen am Anfang den Fehler, die Fragen frei zu formulieren. Ich bin doch kein Roboter, ich möchte so reden, dass ich mich dabei wohlfühle, lautet die Begründung.

Wenn wir frei formulieren, sind wir als Coach schnell geneigt, auf die vermeintliche Lösung zu springen. Und fühlen uns auch noch gut dabei. Bleiben Sie an den Fragen. Je schneller Sie das Muster lernen, umso schneller werden sich auch die Erfolge einstellen. Wenn wir etwas Neues lernen, fühlt sich das per Definition immer ungewohnt an.

Sobald Sie die fünf Fragen beherrschen, werden Sie merken, dass diese nicht ausreichend sind, um den Verbesserer in allen Situationen entlang des Kata-Kreises anzuleiten. Oft sind präzisierende oder vertiefende Fragen notwendig. Die fünf Fragen sind eher die Eckpunkte des Gesprächs. Sie eröffnen jeweils die nächste Gesprächsphase und werden deshalb immer benutzt. Der erfahrene Coach verwendet dann weitere Fragen, um das Vorgehen des Verbesserers genau zu verstehen und methodisch anzuleiten.

Einige hilfreiche vertiefende Fragen für Fortgeschrittene finden Sie auf der Merkkarte im Anhang.

> Wenn Sie keinen Partner für kollegiales Coaching finden, üben Sie zunächst für sich selbst. Wählen Sie ein Thema, das Sie selbst verbessern. Definieren Sie dazu einen Ziel-Zustand und dokumentieren Sie ihn auf einem T-Formular. Reservieren Sie sich 15 Minuten am Anfang jedes Tages oder direkt nach der Frühstückspause. Sorgen Sie dafür, dass Sie in dieser Zeit ungestört sind, und stellen Sie sich selbst die fünf Fragen. Notieren Sie Ihre Antworten auf dem Problemlösungsblatt. Beginnen Sie bei allen Ihren Projekten oder Aufgaben, die fünf Fragen durchzugehen. Wenn Sie Lean-Trainer sind: Versuchen Sie einmal, einen Workshop mithilfe der fünf Fragen zu moderieren. Mit der Coaching-Kata kann man wunderbar mehrere Teams im Rahmen eines Workshops coachen.
>
> Jeder Workshop sollte einen klar definierten Ziel-Zustand haben.

Coach und Verbesserer treffen sich zum Coaching-Zyklus an einer Verbesserungstafel (Bild 5.4). Dort dokumentieren sie das Besprochene im Problemlösungsblatt. Dieses Formblatt unterstützt die Arbeit entlang des Kata-Kreises. Zudem werden auf der Coaching-Tafel der nächste Ziel-Zustand (T-Formular) sowie der aktuelle Ist-Zustand bezüglich Ergebniskennzahl und Prozesskennzahl visualisiert. Der Hindernisspeicher unterstützt bei Frage drei.

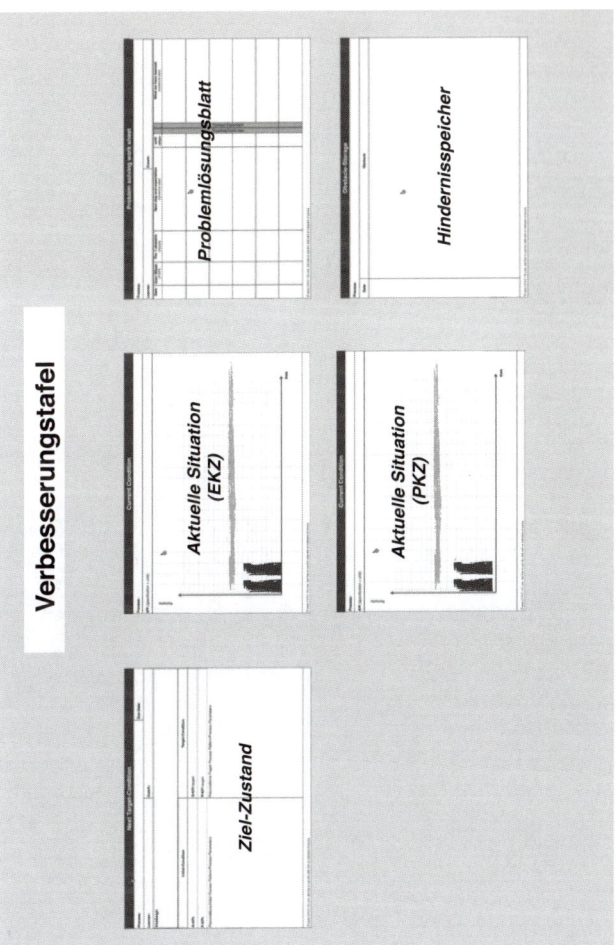

Bild 5.4 Verbesserungstafel

6 Richtung geben

WORUM GEHT ES?

Ohne Richtung keine Verbesserung. Dies hat zwei Gründe:

Grund 1: Nur durch das Anstreben einer langfristigen, strategischen Herausforderung wird Verbesserung kontinuierlich und nachhaltig. Abweichungsmanagement und das Setzen und Kontrollieren von Standards reichen dafür nicht aus. In vielen Unternehmen schließen Verbesserungsworkshops mit der Definition des neuen Standards. Das Team vor Ort bekommt dann die Aufgabe, diesen Standard einzuhalten. In regelmäßigen Abständen wird deshalb die Standardeinhaltung überprüft. Kommt es zu einer Abweichung, fällt also der Prozess hinter den Standard zurück, werden Gegenmaßnahmen ergriffen, um den Prozess wieder auf den Standard zurückzuführen. Mit andern Worten: Wir warten, bis der Prozess zurückfällt, und bringen ihn dann auf den Standard zurück. Ist das Verbesserung? Nein, im besten Falle erhalten wir den Status quo. Das ist wie mit unserem Körpergewicht nach Weihnachten. Wir treten auf die Waage und stellen mit Schrecken eine Standardabweichung fest. Sofort ergreifen wir Gegenmaßnahmen wie Diät, Laufen und Anmeldung im Fitnessstudio. Diese Aktivitäten halten wir so lange aufrecht, bis wir unser ursprüngliches Gewicht erreicht haben. Dann wenden wir uns wieder anderen Dingen zu. Wie lange hält das Erreichte an? Maximal bis Ostern. Dann beginnt der Kreislauf von Neuem. Dieses Abweichungsmanagement ist auch in vielen Unternehmen im Zusammenhang mit Shopfloor-Management erkennbar. Es wird nur reagiert, wenn es zu einer Abweichung bei einer Kennzahl kommt. Dann werden sofort Gegenmaßnahmen ergriffen, um die Kennzahl auf das gewünschte Niveau zurückzuführen. Danach warten wir bis zur nächsten Abweichung.

Das wäre in etwa so, als ob ein Profisportler nur dann trainieren würde, wenn er die bisher erreichte Leistung nicht mehr halten kann. Das würden wir sofort als unsinnig empfinden. Profisportler streben immer eine noch nicht beherrschte Herausforderung an. Sie legen sich im Hochsprung die Latte immer ein Stück höher. Wodurch die nächsten Hindernisse sichtbar werden und Verbesserung herausgefordert wird. Ein Verbesserungs-Pull entsteht.

HINWEIS

Im Sport gilt: Profis streben immer eine heute noch nicht beherrschte Herausforderung an. Deshalb werden sie kontinuierlich besser. Amateure reagieren nur bei Abweichungen und treten deshalb auf der Stelle.

Grund 2: Erfolg = Fähigkeit x Motivation x Ausrichtung. Das fähigste Team erzielt auch mit größter Motivation keinen Erfolg, wenn jeder eine andere Zielsetzung verfolgt. Präziser müssen wir deshalb sagen: Ohne gemeinsame Ausrichtung keine Verbesserung. Nur wenn es gelingt, die Verbesserungsbemühungen in allen Bereichen auf die Realisierung der Strategie auszurichten, wird deren Umsetzung gelingen und der angestrebte Wettbewerbsvorteil entstehen. „Aber genau dazu haben wir doch Ziele im Unternehmen" werden viele jetzt einwenden. Doch Vorsicht: Die meisten Zielsysteme geben jedem Bereich, jedem Team individuelle Ziele. Dies basiert auf folgender Annahme: Wenn jeder sein lokales Optimum erreicht, entsteht auch in der Gesamtheit das Optimum. Dies ist ein Trugschluss. Denn Unternehmen sind Systeme. Sie bestehen also aus mehreren miteinander in Wechselwirkung stehenden Elementen, die nur in ihrer Gesamtheit das gewünschte Ergebnis erzielen können.

Die Systemtheorie besagt, dass in Systemen durch das Anstreben von Einzeloptima eben nicht das Gesamtoptimum erreicht wird. Und auch aus der Praxis wissen wir: Niedrigste Kosten im Einkauf plus niedrigste Kosten in der Logistik plus niedrigste Kosten in der Produktion plus niedrigste Kosten im Versand plus niedrigste Kosten im Vertrieb ergeben nicht die niedrigsten Gesamtkosten.

Wenn wir Kontinuität und Nachhaltigkeit im Verbesserungsprozess durch ständigen Verbesserungs-Pull erreichen wollen, reicht es also nicht, wenn jeder Bereich seine eigene Herausforderung bekommt.

Zielvereinbarungs- oder Policy-Deployment-Prozesse sind nicht ausreichend, um im Unternehmen eine kontinuierliche Verbesserung synchronisiert über alle Bereiche umzusetzen. Meist verwenden wir nur Ergebnisziele wie EBIT, Kosten, Umsatz oder auch Produktivität und OEE.

Diese häufig verwendeten Ergebnisziele sind aber nur Indikatoren, eine eindimensionale Vereinfachung der Realität. Sie wurden geschaffen, um uns ein schnelles Urteil zu erlauben, weil die Erfassung der realen Welt in den Prozessen durch ihre Vielschichtigkeit sehr aufwendig ist. Damit handeln wir uns aber einen gravierenden Nachteil ein: Indikatoren sind oft nur in einer Richtung aussagefähig. Ist der Indikator schlecht, weist dies meist auch auf einen schlechten Prozess hin. Ist der Indikator gut, können wir aber nicht zwangsläufig auf einen guten Prozess schließen.

39 Grad Körpertemperatur, also Fieber ist eine nahezu eindeutiger Indikator für eine Krankheit. Die Umkehrung, 37,5 Grad Körpertemperatur, bedeutet aber nicht zwangsläufig gesund.

Diesen Indikator als Zielgröße zu verwenden wäre fatal. Wir könnten die Körpertemperatur durch Abkühlen senken und so das Ziel von 37,5 Grad erreichen. Wahrscheinlich mit tödlichen Folgen. [Aulinger 2008]

Ergebnisse können wir nicht direkt „machen". Ergebnisse sind jeweils nur zwangsläufige Resultate des Zustands der Prozesse. Gute Ergebnisse ergeben sich nur durch gute Prozesse. Um das wahre Ziel „gesund" zu erreichen, müssten wir das Problem im Prozess (Körper) verstehen und beheben. Indikatoren dienen also nur dazu, eine schnelle Einschätzung zu treffen. Danach haben sie ausgedient, und wir müssen die Prozesse genauer verstehen.

Hier zeigt sich eine weitere Schwäche von Ergebniszielen. Meist gibt es mehrere Möglichkeiten, wie wir den Prozess verändern können, um den Indikator in die gewünschte Richtung zu bringen. Nicht alle dieser Möglichkeiten sind aber sinnvoll im Sinne unserer Strategie. Nachfolgend ein Beispiel:

WAS BRINGT ES?

Das Unternehmensergebnis kann auf zwei Arten verbessert werden. Durch mehr Umsatz oder durch geringere Kosten. Ein langfristiges Wachstumsprogramm unterscheidet sich in Inhalt und Umsetzung aber deutlich von einem kurzfristigen Kostensenkungsprogramm. Da sich Letzteres leichter und schneller umsetzen lässt, entscheiden wir uns meist dafür. Wir könnten etwa die Investitionen in die Entwicklung neuer Produkte streichen und Marketingkosten senken, um dann kurzfristig mit einem besseren Ergebnis zu glänzen. Oder wir könnten die Fertigungskosten durch niedrigere Löhne senken, statt den schweren Weg der Produktivitätssteigerung durch Prozessverbesserung zu gehen. Wir könnten den Pufferbestand zwischen den Prozessen der Lieferkette erhöhen und damit unsere Lieferfähigkeit verbessern, statt mühsam Prozessstabilität und -flexibilität zu verbessern. Wir könnten auch im Dezember Kunden überreden, Bestellungen, die sie erst für Januar geplant haben, vorzuziehen, um unser Jahresumsatzziel zu erreichen und mehr Prämie zu bekommen. Im Januar gibt es dann zwar weniger Umsatz, aber da ist das Jahr ja noch vor uns, und wir haben genügend Zeit, dies zu kompensieren. Zudem ist das Brennglas bis dahin eh schon auf der Lieferkette, die zunächst im Dezember nicht schnell genug liefern konnte, um den überraschenden Mehrumsatz zu bedienen, und jetzt zu hohe Kosten hat, weil die Auslastung im Januar überraschend stark zurückgegangen ist.

HINWEIS

Wenn wir dem Verbesserungsprozess Richtung geben wollen, reichen Ergebnisziele nicht. Wir müssen handlungsleitend Richtung in Bezug auf die Prozesse geben.

Ein Gedankenexperiment dazu: 1961 startete die NASA das sogenannte Apollo-Projekt. Dies war das bis dahin größte Projekt weltweit. Nur an der Entschlüsselung des Enigma-Codes während des Zweiten Weltkriegs waren mehr Menschen beteiligt. Es bestand somit ein enormer Synchronisierungsbedarf. Deshalb gab John F. Kennedy am 29. Mai 1961 folgendes Ziel aus, um diesem Projekt Richtung zu geben: *„Ich glaube, dass dieses Land sich dem Ziel widmen sollte, noch vor Ende dieses Jahrzehnts einen Menschen 384.400 Kilometer ins All zu schießen."* Sie schütteln den Kopf. Zu Recht. Natürlich hat er das nicht gesagt. Stellen Sie sich vor, das Projektteam hätte sich danach getroffen, um das nötige Vorgehen zu besprechen.

Es wäre wohl kaum eine gemeinsame Richtung entstanden. Deshalb sagte John F. Kennedy: *„Heute fliegen Menschen 41.000 Kilometer weit (Anmerkung: Juri Gagarin umrundete am 12. April 1961 als erster Mensch die Erde in einem Raumschiff). Ich glaube, dass dieses Land sich dem Ziel widmen sollte, dies um 10 % pro Jahr zu steigern."* Sie schütteln wieder zu Recht den Kopf. Aber ersetzen Sie einmal diese Zahlenangaben durch „384 Millionen Euro Umsatz" und „Kostensenkung von 10 %". Genau das tun wir in unseren Unternehmen.

Tatsächlich gab John F. Kennedy folgendes Ziel aus: *„Ich glaube, dass dieses Land sich dem Ziel widmen sollte, noch vor Ende dieses Jahrzehnts einen Menschen auf dem Mond landen zu lassen und ihn wieder sicher zur Erde zurückzubringen."*

Was unterscheidet diese Formulierung von den beiden anderen? Sie macht eine eindeutige Aussage über den Prozess. Bemannter Flug zum Mond und dann sicher wieder zurück. Zudem entsteht ein konkretes, für viele Beteiligte damals inspirierendes Bild im Kopf: die Landung auf dem Mond. Das können Zahlen nicht bewirken, denn Menschen denken immer in Bildern, nie in Zahlen. Wenn Sie einer Gruppe folgende Frage stellen: „Sind 200 Euro viel oder wenig?", erhalten Sie sehr konträre Antworten. Das liegt daran, dass jeder dieser Zahl zunächst einen Kontext gibt sie also in ein Bild übersetzt. Für den einen stehen 200 Euro für ein nettes Abendessen in seinem Lieblingsrestaurant. Dann ist es viel. Der andere plant den Kauf eines neuen Autos. Da machen 200 Euro kaum einen Unterschied.

Heißt das, wir brauchen keine Zahlen? Doch, nur anders als gedacht. Als das Projektziel von John F. Kennedy formuliert wurde, hatten die Amerikaner bis dahin nur 15 Minuten bemannten Raumflug erfolgreich absolviert. Es war also nicht möglich, dieses Ziel in einem Schritt zu erreichen. Viele Zwischenziele und kleine Schritte waren nötig. Es war dabei auch notwendig, die Flugdistanz genau zu messen und zu kennen und auch denn erreichten Fortschritt zu messen und mit dem Termin „Ende dieses Jahrzehnts" abzugleichen. Ergebniszahlen sind unabdingbar für unsere Fortschrittsmessung; sie geben aber keine handlungsleitende Richtung für den Prozess.

WIE GEHE ICH VOR?

Wir brauchen eine langfristige, strategische Richtung oder Vision. Herausfordernd für die Prozesse und inspirierend für die Menschen. Sie ist der Magnet, der den kontinuierlichen Verbesserungs-Pull erzeugt und auf den sich alle Verbesserungsbemühungen ausrichten.

Die strategische Herausforderung, der Verbesserungsmagnet alleine, so schwer ihre Entwicklung auch sein mag, reicht aber noch nicht. Die meisten Strategien scheitern nicht an ihrer Definition, sondern an der Umsetzung. Selbst wenn Menschen die langfristige Richtung als sinnvoll empfinden, wird die Aufforderung zur Umsetzung unweigerlich ein „Das geht doch nicht" nach sich ziehen. Deshalb brauchen wir einen Ziel-Entfaltungsprozess, auch Hoshin Kanri genannt, der diese Vision regelmäßig in ein nächstes, zu bewältigendes Etappenziel herunterbricht. Genauso wie bei der Besteigung eines Achttausenders. Diese Etappenziele beschreiben den angestrebten Soll-Zustand an wichtigen Prozessschritten oder Schlüsselstellen im Soll-Wertstrom. Sie erfordern meist Prozessverbesserung in verschiedenen Bereichen, stellen also bereichsübergreifende Herausforderungen dar. Von ihnen kann dann jeder wiederum den nächsten Ziel-Zustand für seinen Prozess ableiten. Genau deshalb synchronisieren sie auch die Arbeit in den beteiligten Bereichen. Wir müssen also einen zyklischen Prozess etablieren, mit dem alle drei bis vier

84 Richtung geben

Monate die nächsten bereichsübergreifenden Herausforderungen von der langfristigen Vision abgeleitet werden. Das sorgt immer wieder für den nächsten Verbesserungs-Pull.

Wie bei einem Generator (Bild 6.1) brauchen wir zwei Komponenten, um Verbesserung Richtung zu geben: eine langfristige, strategische Vision für die Prozesse – den statischen Magneten. Und dann einen zyklischen Prozess, der von dieser Vision immer wieder die nächsten Etappenziele ableitet – den Rotor des Generators.

> **HINWEIS**
>
> **Der Herausforderungsgenerator**
>
> Setzen Sie eine inspirierende, langfristige Richtung für die Prozesse (Strategie) und leiten Sie daraus alle drei Monate bereichsübergreifende Herausforderungen für die Prozesse ab (Ziel-Entfaltungsprozess).

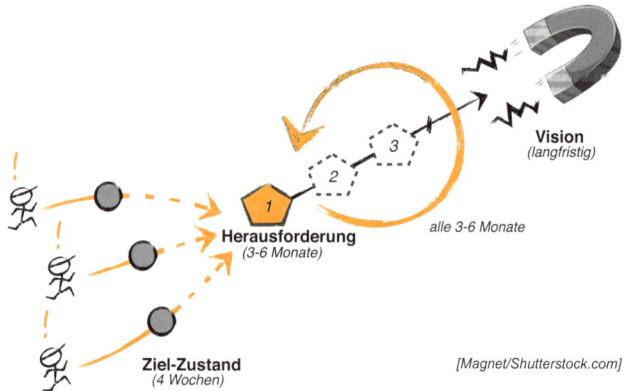

Bild 6.1 Der Herausforderungsgenerator

Ein Beispiel aus der Praxis

Herr Fröhlich leitet den deutschen Produktionsstandort der KATA-Lysator GmbH. Der Standort hat zwar höhere Lohnkosten als die ausländischen Standorte der KATA-Lysator GmbH, zeichnet sich aber durch seine technische Expertise und die Nähe zur Entwicklung und dem Logistikzentrum aus. Deshalb ist er spezialisiert auf Rennerprodukte und Neuheitenanläufe. Die Neuheiten sind zudem wichtig, um die durch jährliche Produktivitätsverbesserung entstehenden Auslastungsverluste auszugleichen. Da mittlerweile aber keine freien Produktionsflächen mehr für Neuheiten zur Verfügung stehen, hat Herr Fröhlich den Bau einer neuen Halle angeregt, was aber abgelehnt wurde. Der Vorstand denkt darüber nach, die nächsten Neuheiten aus Platzgründen an andere Standorte zu vergeben. Das stellt eine ernsthafte Bedrohung für den deutschen Standort dar. Herr Fröhlich hat in diesem Jahr deshalb deutlich anspruchsvollere Ziele bezüglich Kosten und Beständen mit seinen Abteilungsleitern vereinbart. Dies führt aber nicht zu den gewünschten Verbesserungen. Im Gegenteil wird mehr und mehr begründet, warum es eben nicht geht. Der Montageleiter erklärt Herrn Fröhlich, dass er plant, die Behältergrößen in den Montagelinien zu reduzieren, um die Greifwege zu senken und so die Produktivität zu steigern. Allerdings benötige er dazu häufigere Anlieferungen durch die Logistik. Er habe auch mit seinem Kollegen aus der Logistik mehrmals über dieses Thema gesprochen. Dieser würde die Sache aber nicht verstehen. Herr Fröhlich sollte doch bitte entsprechend entscheiden. Kurze Zeit später bespricht sich der Leiter der Werkslogistik mit Herrn Fröhlich und erklärt Folgendes: Um die sehr anspruchsvollen Kostenziele der Logistik zu erreichen, müsse er den Logistikaufwand deutlich senken.

86 Richtung geben

Dazu plane er, die Transporte im Werk durch Zusammenfassung von Mengen und größere Behälter zu reduzieren. Er habe auch schon mit seinen Kollegen aus Montage und Vorfertigung gesprochen. Diese zeigen aber keine Bereitschaft, dies auch tatsächlich umzusetzen. Er bittet Herrn Fröhlich, mit den Kollegen zu sprechen und sie entsprechend zu beauftragen. Was soll Herr Fröhlich tun?

Herr Fröhlich beschließt, statt Ergebniszielen eine bereichsübergreifende Herausforderung zu setzen, die nur durch gemeinsame Arbeit erreicht werden kann. Dazu identifiziert er eine geeignete Schlüsselstelle im Wertstrom. Die Schlüsselstelle ist der Anlieferpunkt der Bauteile in der Montage. Diese werden heute dort in Supermarktregalen zwischengelagert. Dabei sind immer alle Varianten verfügbar. Diese Regale nehmen deshalb die Hälfte der Montage ein. Wenn die Bauteile direkt vom Lkw in die jeweilige Linie gebracht würden, könnten diese Regale entfernt werden. Es würden 200 Quadratmeter Fläche für Neuheiten frei werden.

Deshalb formuliert Herr Fröhlich folgende übergeordnete Herausforderung. *Um das Werksergebnis zu verbessern, müssen wir die Auslastung durch Neuheiten steigern. Dazu benötigen wir Freifläche und niedrigere Fertigungskosten. Deshalb streben wir an, alle Montagelinien direkt aus dem Lkw zu beliefern.*

Dies hat überraschende Auswirkungen. Die betroffenen Abteilungsleiter ziehen folgende Schlussfolgerungen:

Leiter Logistik: *Die stündliche Anlieferung der Bauteile aus dem Konsignationslager muss dann exakt der Montagereihenfolge entsprechen. In der Folge müssen wir die angelieferte Ware innerhalb der einen Stunde bis zum nächsten Lkw an ihren Bestimmungsort im Werk bringen.*

Dem Leiter Montage wird klar: *Wenn wir jeweils nur eine Stunde im Voraus die Teile für das nächste Fertigungslos bekommen, müssen wir eine stabile Aufbringung pro Stunde realisieren. Sind wir schneller als geplant, geht das Material aus. Sind wir zu langsam, kommt es zum Stau.*
Welche Auswirkung hat diese Stabilisierung des Montageprozesses auf Kosten und Qualität in der Montage? Beides wird besser. Zudem muss an allen Anlagen die Anzahl der Störungen deutlich reduziert werden.

Auch die Leiterin der Qualitätssicherung folgert: *Wenn nur noch die Bauteilmenge, die in der nächsten Stunde verbaut wird, in die Montage geliefert wird, gibt es keine Reserve mehr für fehlerhafte Bauteile. Bisher werden fehlerhafte Bauteile einfach durch einen Griff in die Supermarktregale ersetzt. Wenn keine fehlerhaften Bauteile in die Montage geliefert werden sollen, müssen wir die Prozessstabilität bei den internen und externen Lieferanten sicherstellen.*

Alle Drei haben damit hervorragend handlungsleitende Ziele für die Prozesse in ihren Bereichen aus der übergeordneten Herausforderung an der Schlüsselstelle abgeleitet. Diese werden jetzt in jedem Bereich weiter herunter gebrochen. Beispielhaft hier der Bereich Logistik. Der Leiter Logistik erarbeitet ein Soll-Ablaufmuster für die stündliche Verteilung der Waren im Werk. Die einzelnen Soll-Zeiten dienen wiederum als Anhaltspunkte für das jeweilige Team. Das Team im Wareneingang weiß jetzt, dass es nötig, ist den Lkw in sechs Minuten zu entladen, um die für die Vergabe der nächsten Neuheiten notwendige Freifläche zu schaffen. Daraus können sie ihren nächsten Ziel-Zustand ableiten. Von der Strategie bis zum Ziel-Zustand in jedem Prozess ein durchgängiger roter Faden.

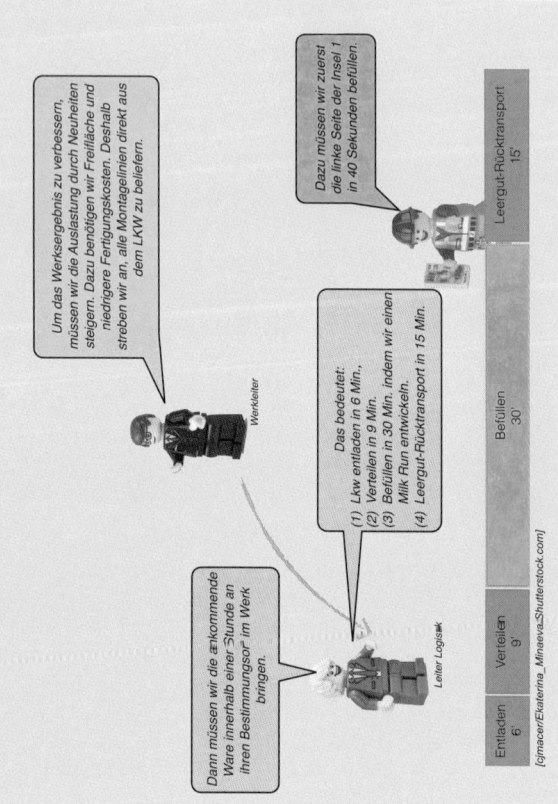

Bild 6.2 Von der Herausforderung zum Ziel-Zustand

Bei dem Beispiel ist nun ein Punkt erreicht, an dem sich jeder aktiv beteiligen kann. Jeder weiß, wie er in seinem Prozess zur Realisierung der Strategie beitragen kann und warum genau dieser Beitrag wichtig ist. Mehr „Sinnstiftung" geht nicht.

Da ist es dann egal, wie viele Lean-Experten der Wettbewerb hat und wie viele sporadische Workshops und Standardaudits diese durchführen. Verbesserung in schnellen kleinen Schritten durch jeden jeden Tag und in jedem Prozess ist wie ein unaufhaltsamer Bulldozer. Damit lassen sich herausfordernde Ziele erreichen und anspruchsvolle Strategien umsetzen.

WIE GEHE ICH VOR?

Zunächst bedarf es einer langfristigen, strategischen Vision für die Prozesse. Das ist nicht einfach und erfordert harte Arbeit im Managementteam. Kundenorientierung, Fokussierung und Differenzierung vom Wettbewerb sollten dabei im Vordergrund stehen. Da im Rahmen dieses Buches nicht ausführlich auf diese Arbeit eingegangen werden kann – hier nur einige Gedankenanstöße:

Ein Beispiel: Ein-Stück-Fluss in Losgröße eins (1 x 1-Fluss) ist eine Herausforderung für alle Prozesse. Warum ist es eine sinnvolle Vision? Je näher Prozesse dem Ein-Stück-Fluss kommen, umso geringer ist der Bestand. Kapitalbindung und Verschrottungskosten sinken. Bei so geringem Bestand dürften keine Qualitätsprobleme oder Störungen auftreten. Die Prozesse müssten 100 % stabil sein. Je stabiler ein Prozess, umso geringer die Prozesskosten. Das kontinuierliche Streben in Richtung Ein-Stück-Fluss würde somit auch zu immer geringeren Kosten führen. Zudem müssten die Rüstzeiten gegen null tendieren, um Losgröße eins fertigen zu können. Damit wären Fertigung auf Kundenwunsch und damit kürzeste Lieferzeiten bei höchster Vielfalt möglich. Die Herausforderung Ein-mal-eins-Fluss gibt eine eindeutige und damit handlungsleitende Richtung der Prozesse. Die schrittweise Realisierung führt zu immer besseren Ergebniskennzahlen.

Der 1 x 1-Fluss ist mit dem heutigen Prozessniveau unwirtschaftlich. Aber genau deshalb erzeugt diese Vision einen Verbesserungs-Pull. Denn wem es gelingt, den 1 x 1-Fluss technisch und wirtschaftlich zu ermöglichen, hat einen entscheidenden Wettbewerbsvorteil. Das wird aber nur durch schrittweise, akribische Verbesserungsarbeit über viele Jahre, wenn nicht Jahrzehnte gelingen (siehe auch Kapitel 1).

HINWEIS

Eine gute Strategie erzeugt immer ein Dilemma zum heutigen Know-how und den heutigen Fähigkeiten. Deshalb bietet ihre Realisierung die Chance auf einen entscheidenden Wettbewerbsvorteil. Nur dann lohnt sich der Aufwand.

Oft wird auch die Null-Fehler-Strategie als eine solche Vision gewählt. Hier ist Vorsicht geboten. Null Fehler ist ein Ergebnis guter Prozesse, aber eine Richtung für den Prozess ergibt sich dadurch nicht. Anders Toyotas Jidoka-Ansatz, der einen Sofort-Stopp bei Fehlern initiiert. Wenn wir null Fehler erreichen wollen, müssen wir die wahren Ursachen der Fehler beseitigen. Dazu ist es erforderlich, Fehler sofort, am besten am Ort ihres Entstehens, zu entdecken. Verbesserung der Qualität erfordert vor allem Verbesserung der Prozesstransparenz, um Früherkennung zu ermöglichen. Nur dann ist erfolgreiche Ursachenforschung möglich. Qualitätskennzahlen wie „Anzahl Fehler" kommen dafür zu spät. Deshalb ist es sinnvoll, alle Prozesse dahin zu entwickeln, dass sie selbständig anhalten, wenn oder sogar bevor ein Fehler passiert. Dadurch wird es möglich werden, die wahren Ursachen zu erkennen und zu beseitigen, und das Ergebnisziel Fehlerrate wird schrittweise immer besser werden.

Der Ziel-Entfaltungsprozess erfolgt dann in drei Phasen (Bild 6.4). Zunächst werden die Schlüsselstellen auf allen Prozessebenen top-down definiert und der jeweils notwendige Soll-Zustand für den Prozess beschrieben. Dann werden bottom-up die Zahlen zur aktuellen Situation erfasst und bis auf die obere Ebene aggregiert. Ist die Ausgangssituation bekannt, werden in Phase drei dann die Ziel-Werte auf jeder Ebene definiert, die notwendig sind, um die angestrebte Wirkung auf der obersten Ebene zu erreichen.

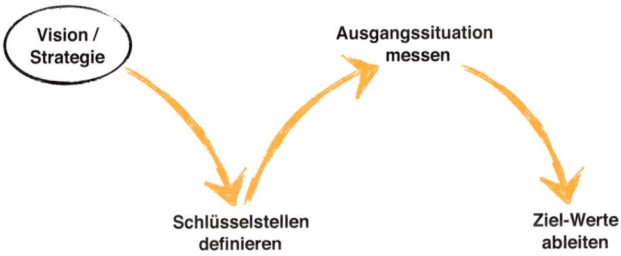

Bild 6.4 Ziel-Entfaltungsprozess

Wichtig ist dabei, dass auf jeder Ebene die angestrebte Wirkung messbar definiert ist, also auch eine handlungsleitende Aussage über den Prozess gemacht wird.

TIPP

Bewährt hat sich beim Ziel-Entfaltungsprozess folgendes Rezept:

- Beschreiben Sie auf jeder Ebene messbar die angestrebte Wirkung (Ergebniskennzahl).
- Beschreiben Sie bildhaft den dazu nötigen Soll-Ablauf des Prozesses (Soll-Bild) und formulieren Sie einen griffigen Slogan dazu.
- Definieren Sie eine geeignete Kennzahl, mit der sich kurzzyklisch (mindestens täglich) der Fortschritt des Prozesses in Richtung des Soll-Bilds messen lässt (Prozesskennzahl).

Die Prozesskennzahl jeder Ebene wird dabei auf der nächsten Ebene zur Ergebniskennzahl. So bleiben alle Ziel-Zustände mit der Strategie verbunden und sind in ihrer Wirkung miteinander verknüpft. Im Anhang finden Sie dazu ein Beispiel.

7 Verbesserung selbstverständlich machen

WORUM GEHT ES?

Erfolg ist das Produkt aus Fähigkeit, Motivation und Ausrichtung. Bisher haben wir über die Entwicklung der Problemlösungsfähigkeit gesprochen und wie wir mit dem Herausforderungsgenerator Richtung geben können. Wir wollen uns deshalb zum Abschluss des Buches dem M, der Motivation zuwenden.

Menschen bringen sich aktiv in den Verbesserungsprozess ein, wenn drei Bedingungen erfüllt sind. Zum Ersten müssen Menschen das Gefühl haben, die Aufgaben bewältigen zu können. Das bedeutet nicht, vorab die Lösung für alle Hindernisse auf dem Weg zu kennen, sondern ein Vorgehen zu beherrschen, mit dem sich Probleme erfolgreich lösen lassen. Das gibt Sicherheit. Kurz gesagt: Menschen müssen das Gefühl haben, zu *können*. Zum Zweiten müssen Menschen sich einbringen *wollen* und drittens dies auch *dürfen*.

HINWEIS

Menschen beteiligen sich aktiv, wenn sie können, wollen und dürfen.

Die Coaching-Kata erfüllt genau diese drei Bedingungen.

Können

Die Anwendung der Coaching-Kata on the Job entwickelt die Problemlösungsfähigkeit des Verbesserers. Je sicherer er in der Anwendung wird, umso mehr wird er das Gefühl haben, zu können.

Das ist ungewohnt. Denn wir haben gelernt, Neues und Unbekanntes immer mit unseren Erfahrungen abzugleichen, um so möglichst schnell zu einer geeigneten Lösung zu kommen. Das ist auch eines der größten Probleme bei der Realisierung herausfordernder Strategien. Wenn wir mit neuen Herausforderungen konfrontiert werden, versuchen wir, sie auf Basis unserer Erfahrung mit bekannten Lösungen zu bewältigen. Damit lassen sich meist auch erste Erfolge erzielen. Das sind die sogenannten *low hanging fruits*. Wenn diese aber geerntet sind, kommt der Verbesserungsprozess meist zum Erliegen, und wir kommen zur Schlussfolgerung: Mehr geht nicht.

Wir haben unsere *Wissensgrenze* erreicht. Das gilt nicht nur für einzelne Personen, sondern in gleicher Weise für Teams und Unternehmen.

Achtung/Hürde

Lösungsorientierung endet an der Wissensgrenze. Herausforderungen jenseits der Wissensgrenze sind so nicht erreichbar. Es heißt dann nur: Das geht nicht. Das Ende jedes Verbesserungsprogramms.

Was aber, wenn ein Team gelernt hat, mit der Verbesserungs-Kata ursachenorientiert zu arbeiten. Was, wenn das Team dadurch immer wieder die Erfahrung macht, bisher, von anderen und auch selbst, nicht für möglich gehaltene Herausforderungen zu meistern? Die Teammitglieder werden unweigerlich Selbstvertrauen gewinnen und mutiger werden. Sie werden sich an immer größeren Herausforderungen versuchen und diese auch meistern.

Hier gilt der bekannte Spruch: Alle sagten, das geht nicht, und dann kam einer, der wusste das nicht und hat es einfach gemacht. Oder vielleicht besser: Dann kam einer, der wusste, dass die bekannten Lösungen nicht funktionieren, und hat sich die Mühe gemacht, das Problem tiefer zu verstehen als alle anderen.

Ein Team, das durch positive Erfahrungen diese Einstellung entwickelt hat, ist lösungsorientierten Teams weit überlegen. Wird die Kata zur kollektiven Denk- und Handlungsweise im Unternehmen, kann sich diese Kombination aus Selbstvertrauen und zielgerichteter Problemlösungsfähigkeit zum unschlagbaren Wettbewerbsvorteil entwickeln.

Doch Menschen sind häufig nicht aufgeschlossen gegenüber Neuem, sondern zurückhaltend und oft sogar ablehnend. Wie kommt das? Um diese Frage zu beantworten, wollen wir zwei Modelle verwenden. Wir sollten uns dabei bewusst sein, dass Modelle die Realität nur vereinfacht abbilden.

In vielen Unternehmen beobachten wir ein Verhalten, das sich in zwei Zonen unterteilen lässt (Bild 7.1). Solange Menschen mit Bekanntem konfrontiert werden oder mit Aufgaben, die sie mit bekannten Lösungen bewältigen können, fühlen sie sich wohl. Sie befinden sich in ihrer *Komfortzone*. Komfortzone ist in diesem Kontext nicht negativ gemeint. Wir brauchen alle eine Komfortzone, um lebensfähig zu sein. Die unmittelbare Zukunft muss für uns einigermaßen vorhersagbar sein. Ich bin am Arbeitsplatz nicht ständig in Lebensgefahr. Zum Mittagessen werde ich in die Kantine gehen. Ich werde heute Abend sicher zu Hause ankommen.

In der unbekannten Zone aber, wenn Menschen mit Neuem konfrontiert werden, das Veränderung erfordert und eben nicht mit bekannten Lösungen zu bewältigen ist, entsteht Ablehnung oder sogar Angst. Diese Zone nennen wir deshalb Angst*zone*.

96 Verbesserung selbstverständlich machen

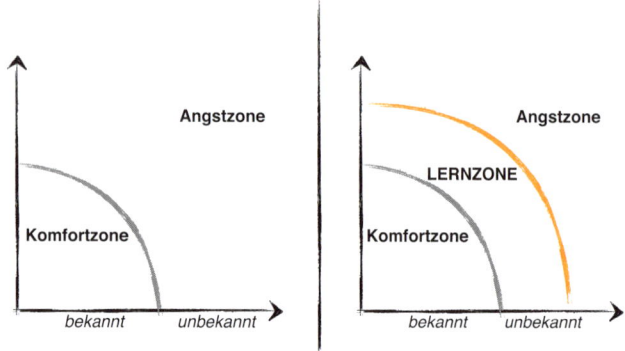

Bild 7.1 Lernzonenmodell [Michl 2009]

Wie wird dann aber Verbesserung in Unternehmen möglich, da es ja dabei immer um das Erschließen der unbekannten Zone geht? Bei Kindern beobachten wir noch eine dritte Zone, die zwischen der Komfort- und der Angstzone liegt. In dieser Zone beobachten wir, obwohl sie im Unbekannten liegt, noch keine Angst, sondern vielmehr Neugierde und Begeisterung. Das ist immer dann der Fall, wenn Kindern sich an neuen Herausforderungen versuchen, die sie noch nicht beherrschen, die aber auch nicht so groß sind, dass sie Angst einflößen. Wir nennen diese Zone deshalb *Lernzone*. Warum finden wir diese Zone dann so selten bei Erwachsenen in unseren Unternehmen? Um dies zu verstehen, hilft das in Bild 7.2 dargestellte Modell.

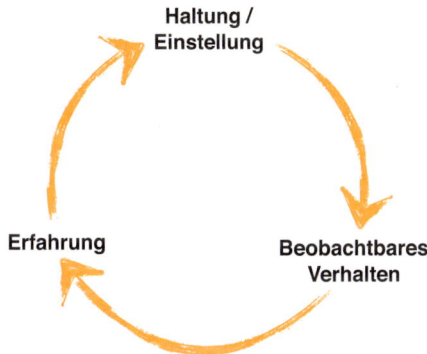

Bild 7.2 Haltung ist die Summe der gemachten Erfahrungen [Hüther 2014]

Die Haltung oder Einstellung eines Menschen zu etwas ist für uns unsichtbar. Wir können nur aus dem beobachtbaren Verhalten darauf rückschließen. Dies gilt auch für Verbesserung und den Umgang mit Neuem. Wenn Menschen zurückhaltend oder ablehnend auf Neues reagieren, schließen wir daraus, dass sie nicht für Veränderung offen sind. Die Haltung ist die Summe der gemachten Erfahrungen [Hüther 2014]. Wenn wir positive Erfahrungen mit Verbesserung machen, werden wir eine offene Haltung entwickeln. Wenn Menschen erleben, dass ihre Beteiligung am Verbesserungsprozess und die daraus entstehende Effizienzsteigerung immer wieder zum Abbau weiteren Personals genutzt werden, werden sie nachvollziehbar eine ablehnende Haltung entwickeln. Wenn wir also in Unternehmen nur Komfort- und Angstzone beobachten, ist dies durch die bisherigen, negativen Erfahrungen mit Veränderung entstanden. Die Lernzone ist dabei nach und nach verschwunden. In vielen Unternehmen beginnt die Angstzone bereits vor dem Erreichen der unbekannten Zone. Verbesserung und die Umsetzung herausfordernder Strategien werden unmöglich. Wie können wir dies ändern?

Wir können nicht die Haltung eines Menschen beeinflussen. Wir können aber das Verhalten beeinflussen, indem wir einladen und anleiten, ein neues Vorgehen zu erlernen. Ein Vorgehen, das ermöglicht, die unbekannte Zone erfolgreich zu erschließen. Genau dies ermöglicht die Coaching-Kata. Ihre regelmäßige Anwendung trainiert ein erfolgreiches Vorgehen zur Erschließung der unbekannten Zone: die Verbesserungs-Kata. Wenn wir dabei durch geeignete Auswahl bewältigbarer Ziel-Zustände und gutes Coaching sicherstellen, dass Menschen erfolgreich sind, also positive Erfahrungen mit der Kata machen, wird sich nach und nach ihre Haltung verändern. Sie werden aufgeschlossen werden gegenüber Neuem und Herausforderungen in der unbekannten Zone suchen. Eine Lernzone wird wieder entstehen.

Wollen

Wir können nicht direkt beeinflussen, was Menschen wollen. Motivation und Motivo bezüglich unserer Arbeit sind bei jedem von uns unterschiedlich. Deshalb hat auch die Suche vieler Unternehmen nach dem kollektiven Sinn wenig Aussicht auf Erfolg. Menschen orientieren sich bei ihrer Arbeit aber immer an der Priorität. Selbst wenn es keine klar vorgegebene Priorität gibt, geben wir den Aufgaben immer eine individuelle und meist situative Priorität. Wir brauchen uns also nicht zu wundern: Wenn wir regelmäßig, meist täglich, zuerst und fast ausschließlich nach dem Tagesgeschäft fragen, hat Verbesserung keine Priorität.

Achtung/Hürde

Wenn Verbesserung und die Umsetzung unserer Strategie nicht die Priorität in einer Krise haben, gewinnt immer das Tagesgeschäft, und wir werden bald eine Krise haben.

Deshalb müssen wir täglich nach Verbesserung fragen, indem wir auf allen Ebenen die Coaching-Kata anwenden (Bild 7.3).

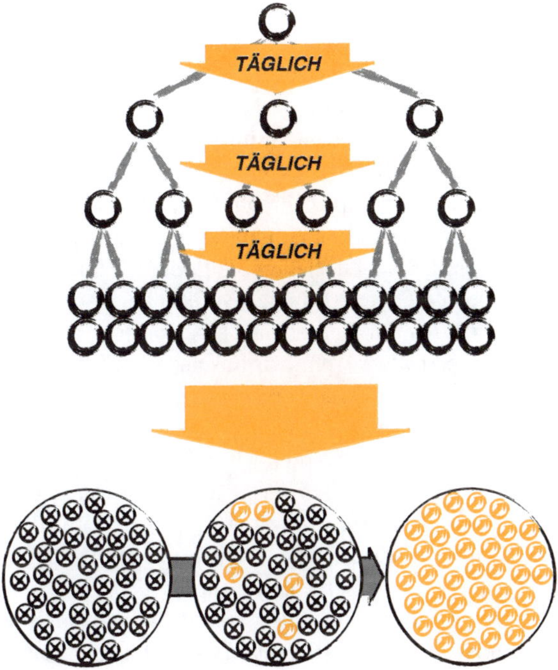

Bild 7.3 Coache täglich auf allen Ebenen

100 Verbesserung selbstverständlich machen

Stellen wir uns ein Unternehmen vor, bei dem die Führungskräfte auf allen Ebenen täglich mit jedem ihrer Mitarbeiter zehn Minuten über den aktuellen Stand im jeweiligen Verbesserungsprojekt sprechen. Verbesserung bekommt eine hohe Priorität.

TIPP

Wenden Sie die Coaching-Kata täglich auf allen Führungsebenen an. Dadurch bekommt Verbesserung Priorität.

Und noch ein zweiter Effekt entsteht durch tägliches Coachen auf allen Ebenen. Verbesserung wird zur Gewohnheit. Wir glauben oft, dass wir Menschen für unser neuestes Verbesserungsprogramm begeistern müssen. Dazu veranstalten wir große Betriebsversammlungen, drehen Motivationsfilme und versuchen durch Präsentationen und Reden zu überzeugen. Begeisterung ist jedoch kurzlebig. Sie lässt sich nur durch Erfolge am Leben erhalten. Deswegen sprechen wir so oft von nötigen Quick Wins, die bei jedem Changeprojekt bewusst eingebaut werden sollen. Wenn wir uns aber an echten strategischen Herausforderungen versuchen, Dingen, die bisher noch kein Wettbewerber technisch geknackt hat oder wirtschaftlich machen konnte, werden wir nicht nur Quick Wins haben. Früher oder später wird es schwierig werden. Und genau dann, wenn es am schwierigsten ist und die Motivation, dranzubleiben, nötig wäre, ist die Begeisterung am Tiefpunkt angekommen. Der Verbesserungszug entgleist.

Dazu noch mal das Gewichtsbeispiel: Stellen wir uns vor, wir haben uns an Neujahr vorgenommen, zehn Kilogramm abzunehmen. Mit großer Begeisterung starten wir. Wir nehmen uns vor, auf Ungesundes jeglicher Art beim Essen zu verzichten, und melden uns im Fitnessstudio an. Mindestens zweimal, besser dreimal in der Woche wollen wir dort trainieren. Die ersten Tage geht auch noch alles gut. Dann aber kommen unweigerlich die ersten Rückschläge. Zu groß ist der Unterschied zwischen unserem bisherigen Lebens- und Ernährungsstil und dem, was wir uns jetzt vorgenommen haben. Termine kommen dazwischen. Einem Dessert in der Kantine folgt das Stück Kuchen am Nachmittag. Die Ernüchterung nimmt zu, und nach wenigen Wochen geben wir auf. Unmöglich, lautet unser Fazit.

Was, wenn wir statt einer radikalen Diät und drei Trainingseinheiten pro Woche im Fitnessstudio folgenden Ziel-Zustand setzen, um eine Gewichtsreduzierung zu erreichen: Täglich nach dem Aufstehen einen Liegestütz machen und die Anzahl alle drei Tage um einen weiteren erhöhen. Dieser einfache Prozess wirkt zwar zunächst kaum auf unser Gewicht, ist aber zu Beginn leicht umzusetzen. Wir sind erfolgreich und fühlen uns gut. Heute Morgen wieder geschafft. Erfolg folgt auf Erfolg. An dem Punkt, an dem es knifflig wird, je nach individueller Fitness bei Tag 15, 20 oder 25, haben wir den Prozess schon viele Tage ausgeführt. Er ist zu Gewohnheit und damit selbstverständlich, ja automatisch geworden. Nach dem Aufstehen ein paar Liegestütze. Motivation oder gar Begeisterung ist gar nicht mehr nötig.

TIPP

Starten Sie keine großen Changeprogramme, Workshops und Begeisterungsinitiativen. Machen Sie tägliche Verbesserung zur Gewohnheit im ganzen Unternehmen.

102 Verbesserung selbstverständlich machen

Zusätzlich wird durch den Ziel-Entfaltungsprozess unsere Strategie bis auf handlungsleitende Ziel-Zustände in jedem Prozess und für jeden Mitarbeiter heruntergebrochen. Diese Transparenz ermöglicht es, dass jeder versteht, welchen Beitrag er leisten kann, was das bringt und wo sein Prozess gerade steht. Menschen wollen Sinnhaftigkeit empfinden, indem sie erkennbar zum großen Ganzen beitragen. Sie wollen verstehen, was passiert, und darauf Einfluss nehmen können. Genau das gewährleistet der Ziel-Entfaltungsprozess.

Wenn wir das richtig tun, können wir das *Wollen* gar nicht verhindern.

Dürfen

Wir können Menschen nicht direkt motivieren. Wir können ihnen nur helfen, sich selbst zu motivieren. Eine wesentliche Quelle für Selbstmotivation ist Selbstbestimmtheit. Menschen wollen erleben, dass sie ihren Prozess, ihre Arbeit beeinflussen und verändern können. Der lösungsoffene Führungsstil mit der Coaching-Kata ermöglicht genau dies.

Die größte Herausforderung liegt dabei aufseiten der Führungskraft. Wirklich die eigenen Lösungen loslassen. Wenn Führungskräfte über Jahre gelernt haben, dass sie vor allem für ihr Fachwissen geschätzt werden, fällt das schwer. Ich kann dann nicht mehr sagen: Seht her, meine Lösung! Meine Rolle ändert sich vom Macher zum Befähiger. Vom Spieler zum Trainer. Die Führungskräfte, denen dies aber gelingt, bekommen ungleich mehr zurück. Sie bekommen ein selbstbewusstes und eigenständiges Team, das in der Lage ist, herausfordernde Ziele zu erreichen und vor allem selbständig zu handeln. Die Führungskraft ist nicht mehr der Engpass bei der Problemlösung. Die Anzahl der stemmbaren Themen vervielfacht sich, und vor allem ist es der Weg aus dem Hamsterrad.

HINWEIS

Führungskräfte, die ihren Fokus darauf setzen, andere zu befähigen, dürfen erleben, wie Menschen über sich hinauswachsen und Herausforderungen meistern, die sie sich nicht zugetraut hätten. Dazu müssen wir aber unseren eigenen Führungsstil ändern.

8 Anhang

Coaching-Beobachtung

(1) Folgt das Gespräch den **5 Fragen**?

(2) Wo war die **Wissensgrenze** des Verbesserers?

(3) Wo folgt das **Vorgehen des Verbesserers** nicht der Verbesserungs-Kata?

(4) Wo wurde das **Gespräch unstrukturiert**?

(5) Was hat der Coach bemerkt, was nicht?
☞ *vgl. (2) und (3)*

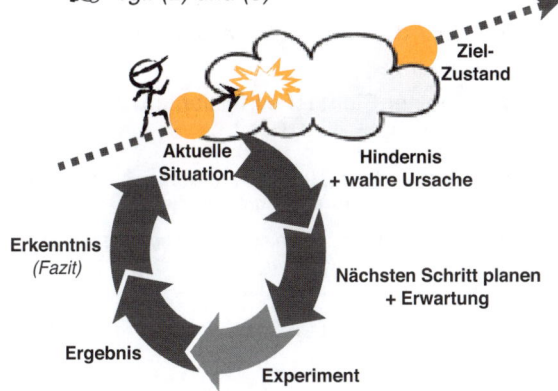

www.LERNZONE.com

V3.3

Feedback geben = anleiten
Sei vorsichtig - jede Beobachtung ist subjektiv!

(1) Frage an den Verbesserer

Wie ist das Gespräch aus deiner Sicht gelaufen?

(2) Fragen an den Coach

Wie ist das Gespräch aus deiner Sicht gelaufen?
Wo war die Wissensgrenze des Verbesserers?
Wo folgt das Vorgehen des Verbesserers nicht der Verbesserungs-Kata?
Wo ist dir das Gespräch schwergefallen?

Strukturiertes Feedback

(1) Ich habe beobachtet, dass ... *(Wahrnehmung)*

(2) Ich habe den Eindruck, dass dadurch ... *(Wirkung)*

(3) Aus meiner Sicht ist es förderlich, wenn ... *(Empfehlung)*

Gutes Feedback hilft, die Situationen im Gespräch zu erkennen, und gibt konkrete Handlungsanleitung.

Wenn du im Gespräch bemerkst, dass [Trigger], ist es aus meiner Sicht förderlich, wenn du [Handlungsanleitung] fragst / sagst / tust.

www.LERNZONE.com   V4.0

Die 5 Fragen für den Coach

Hallo … Wir hatten uns zum Coaching verabredet, passt es gerade?

(1) Was ist der ZIEL-ZUSTAND für diesen Prozess?

(2) Was ist der AKTUELLE Ist-Zustand …

… und was hast du beim letzten Schritt HERAUSGEFUNDEN?

(3) Welche HINDERNISSE halten dich davon ab, den Ziel-Zustand zu erreichen …

…. welches EINE gehst du als Nächstes an …

… und WAS GENAU ist das Problem?

(4) Was ist DESHALB dein nächster Schritt …

… und was ERWARTEST du dann?

(5) Wann können wir uns anschauen, was du bei diesem Schritt HERAUSGEFUNDEN hast?

Vielen Dank für das Gespräch!

v2.2   www.LERNZONE.com

[Rother 2009]

Herausforderungskaskade und Ziel-Entfaltung am Beispiel eines Rennteams.
(Der Hoshin-Kanri-Prozess)

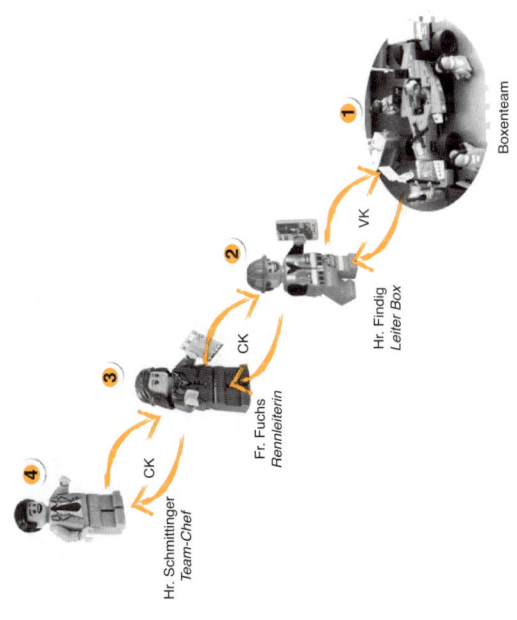

Herausforderungskaskade und Ziel-Entfaltung am Beispiel eines Rennteams.
(Der Hoshin-Kanri-Prozess)

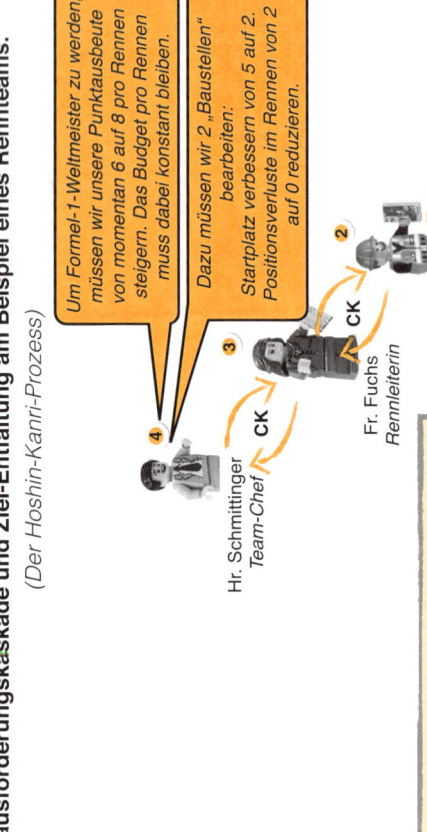

> Um Formel-1-Weltmeister zu werden, müssen wir unsere Punktausbeute von momentan 6 auf 8 pro Rennen steigern. Das Budget pro Rennen muss dabei konstant bleiben.

> Dazu müssen wir 2 „Baustellen" bearbeiten: Startplatz verbessern von 5 auf 2, Positionsverluste im Rennen von 2 auf 0 reduzieren.

Hr. Schmittinger
Team-Chef

Fr. Fuchs
Rennleiterin

Hr. Findig
Leiter Box

Boxenteam

*Zunächst werden die **Herausforderungen an den Schlüsselstellen** erarbeitet. Sie orientieren sich an der Vision oder Strategie.*

Herausforderungskaskade

Auf jeder Ebene werden Ist-Zustand und Ziel-Zustand im T-Formular festgehalten.

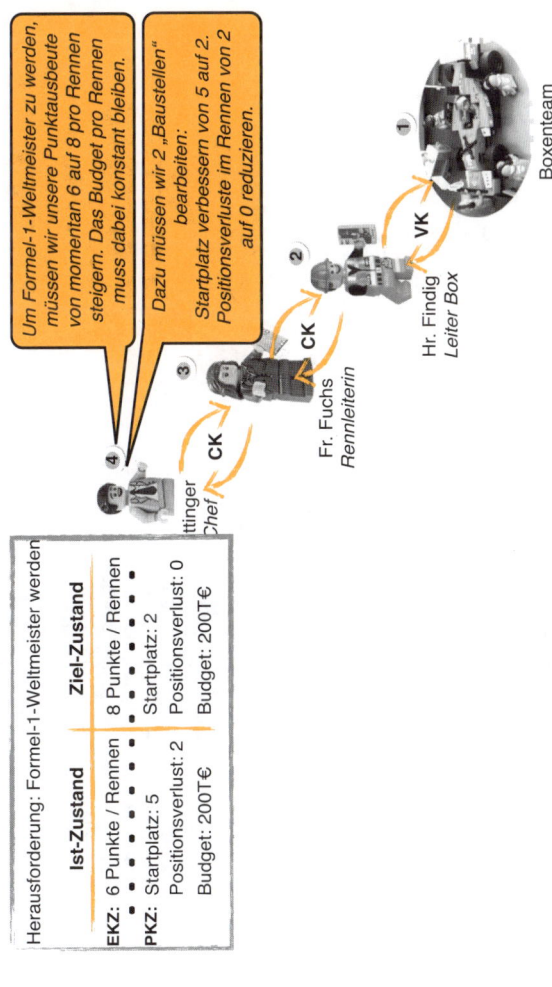

112 Anhang

Aus der Herausforderung werden die Ziel-Zustände der nächsten Ebene abgeleitet.

> Zunächst sollten wir unsere Positionsverluste im Rennen reduzieren.

> Welche „Baustellen" müssen wir dazu bearbeiten?

> Dann müssen wir sowohl unsere Rundenzeit verbessern als auch die Zeit pro Boxenstopp reduzieren. Die Anzahl der Boxenstopps sollte konstant bleiben, und auch die Anzahl der Mitarbeiter darf sich nicht verändern.

> Was bedeutet das in Zahlen?

> Rundenzeit verbessern von 2:30 Minuten auf 2:00 Minuten.
> Zeit für Boxenstopp reduzieren von 18 Sekunden auf 12 Sekunden.

Hr. Fi...
Leiter ...
Boxenteam

Fr. Fuchs
Rennleiterin

...ttinger
Chef CK

Herausforderung: Formel-1-Weltmeister werden

Ist-Zustand	Ziel-Zustand
EKZ: 6 Punkte / Rennen	8 Punkte / Rennen
PKZ: Startplatz: 5	Startplatz: 2
Positionsverlust: 2	Positionsverlust: 0
Budget: 200€	Budget: 200€

Herausforderung: Formel-1-Weltmeister werden

Ist-Zustand	Ziel-Zustand
EKZ: Positionsverlust: 2	Positionsverlust: 0
PKZ: Rundenzeit: 2:30	Rundenzeit: 2:00
Zeit Boxenstopp: 18"	Zeit Boxenstopp: 12"
Anzahl MA: 12	Anzahl MA: 12
Boxenstopps: 2	Boxenstopps: 2

Die PKZ der übergeordneten Ebene wird zur EKZ der nächsten Ebene.

Herausforderungskaskade

Aus diesen werden dann die Ziel-Zustände für die Teilprozesse abgeleitet.

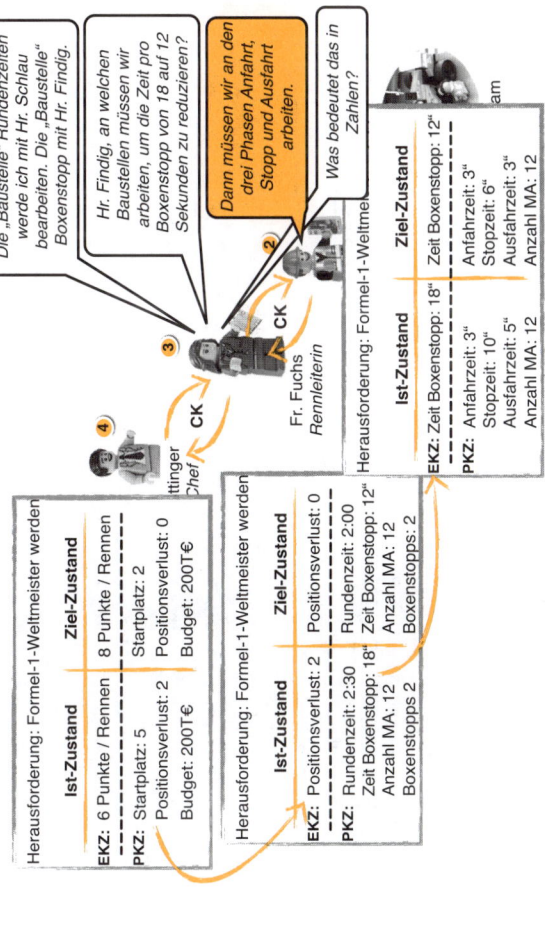

114 Anhang

Der nächste Ziel-Zustand der Teilprozesse sollte nicht weiter als 1-2 Monate entfernt sein, damit der Fortschritt greifbar wird.

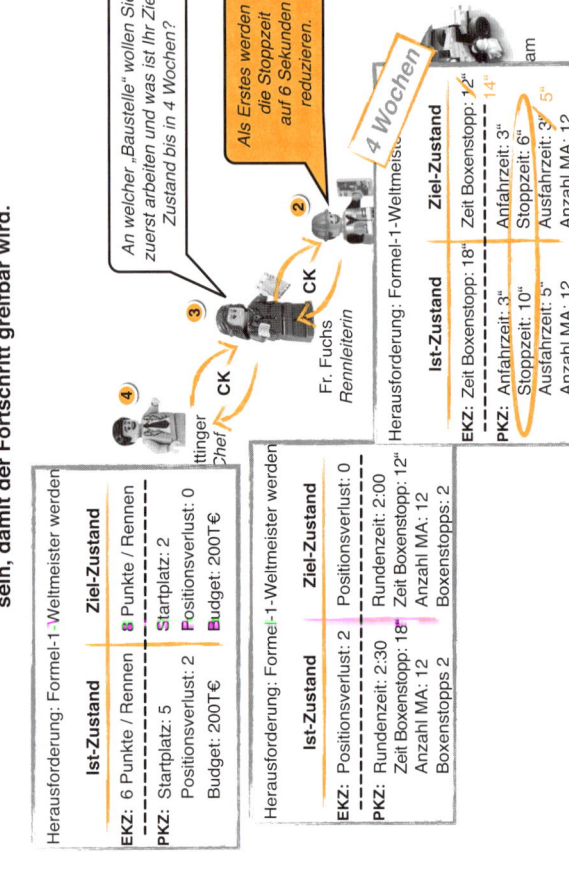

Herausforderungskaskade

Die Ergebnis- und Prozesskennzahlen der Herausforderungskaskade werden in der Themenübersicht zusammengefasst.

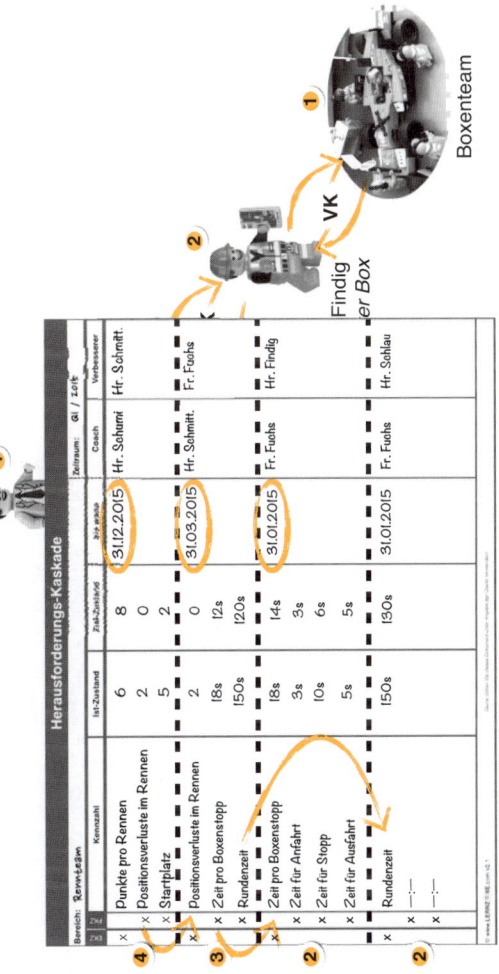

Prozessübersicht *(Layout / Blockdiagramm)*

Prozess: **Datum:**

Beobachter:

www.lernzone.de/Resources/Layout.pdf

Bezeichnung	Teilprozess/Arbeitsplatz
⚠ 10 St.	Puffer/Arbeitsvorrat
⇧	Wichtiger Input (Material/Information)
👤 3	Mitarbeiter
┉▶	Laufweg/ Arbeitsabfolge
A Pressen	Anlage
N Fügen	Variabler Inhalt
5 St.	FIFO

© www.LERNZONE.com v3.6

Gerne dürfen Sie dieses Dokument unter Angabe der Quelle verwenden.

118 Anhang

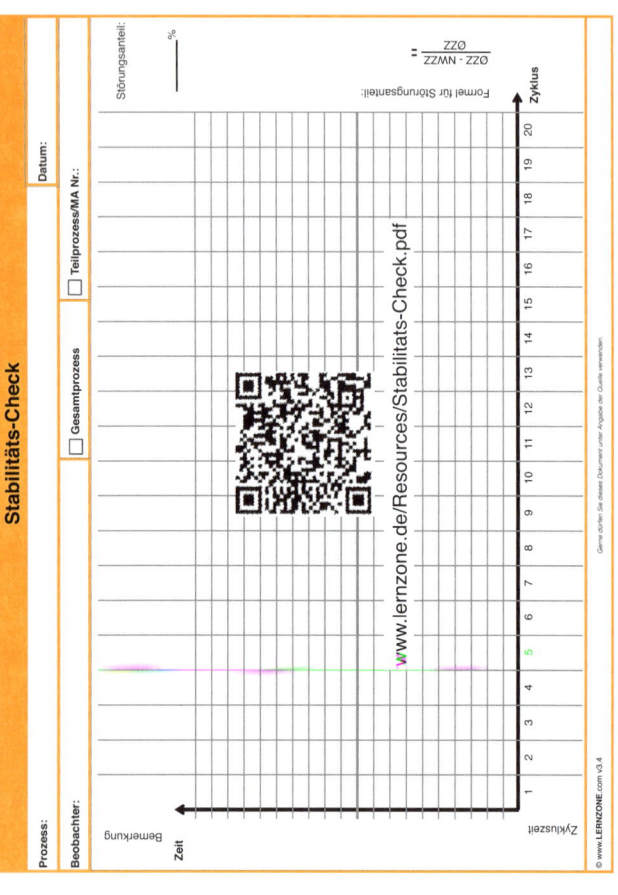

Ablaufmuster

Prozess: **Datum:**

Nr.	Arbeitsschritt	Zeit (Soll)	Zeit (Ist)	Ablaufskizze / Layout

http://lernzone.de/Resources/Ablaufmuster.pdf

Gerne dürfen Sie dieses Dokument unter Angabe der Quelle verwenden.

© www.LERNZONE.com v3.3

120 Anhang

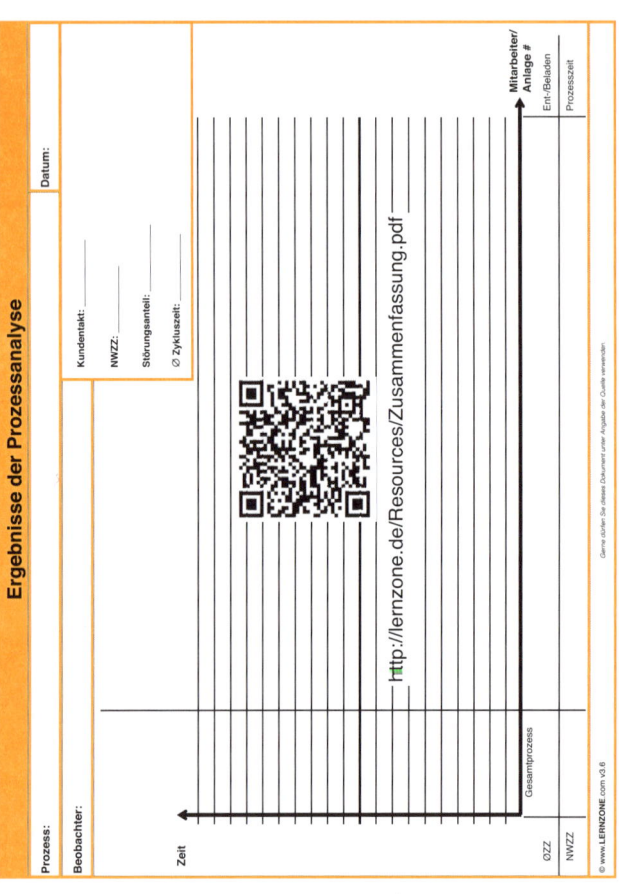

Nächster Ziel-Zustand

Prozess:		Termin:
Verbesserer:	Coach:	
Übergeordnete Herausforderung:		

Ausgangssituation	Ziel-Zustand
EKZ Ist:	EKZ Ziel:
PKZ Ist:	PKZ Ziel:
Rahmenbedingungen/Ist-Ablaufmuster/Prozessparameter:	*Rahmenbedingungen/Soll-Ablaufmuster/Prozessparameter:*

http://lernzone.de/Resources/Coaching-Tafel.pdf

Gerne dürfen Sie dieses Dokument unter Angabe der Quelle verwenden.

© www.LERNZONE.com v3.4

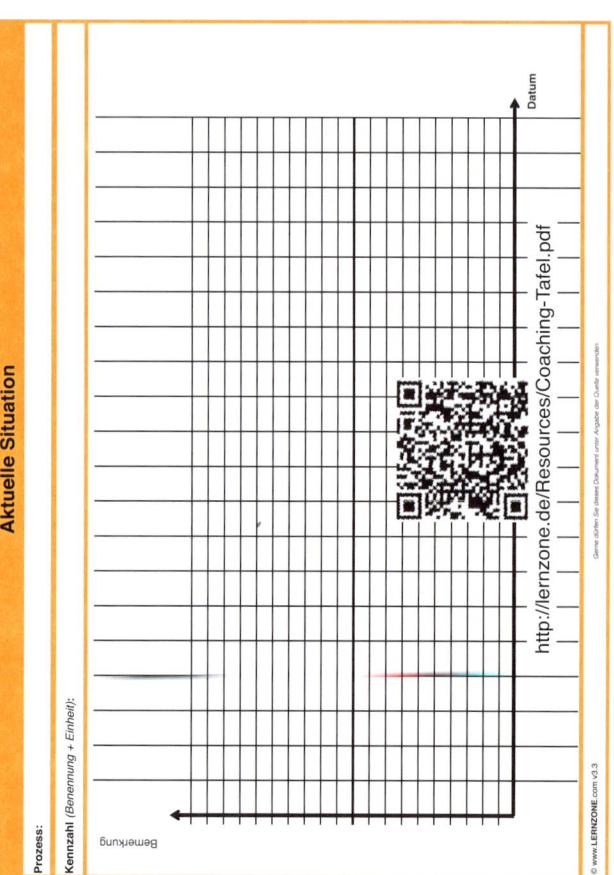

Problemlösungs-Blatt

Prozess:

Verbesserer: **Coach:**

Datum	Ist-Situation (PKZ)	1 Hindernis (Wirkung auf PKZ)	Nächster Schritt und Erwartung (in Zahlen)	bis wann	Was wir herausgefunden haben (in Zahlen)
			E:		
			E:		
			E:		
			E:		
			E:		

Experiment durchführen

http://lernzone.de/Resources/Coaching-Tafel.pdf

© www.LERNZONE.com v3.9

124 Anhang

Hindernis-Speicher

Prozess:

Datum	Hindernis

http://lernzone.de/Resources/Coaching-Tafel.pdf

Gerne sollten Sie dieses Dokument unter Angabe der Quelle verwenden

© www.LERNZONE.com v3.3

Formblätter

Herausforderungskaskade

Bereich: **Zeitraum:**

Kennzahl	Ist-Zustand	Ziel-Zustand	bis wann	Coach	Verbesserer

PKZ:
EKZ:

http://lernzone.de/Resources/Herausforderungskaskade.pdf

© www.LERNZONE.com v2.1   *Gerne dürfen Sie dieses Dokument unter Angabe der Quelle verwenden.*